No.1トヨタのおもてなし
レクサス
星が丘の奇跡

志賀内泰弘
Yasuhiro Shiganai

PHP

まえがき

東名高速道路の名古屋インターチェンジを降りる。市内中心地へと向かう東山通りは、片側三車線の広々とした道だ。

西へ10分ほど車を走らせると、星が丘に着く。地下鉄駅とバスターミナルがある交通の要衝だ。複数の大学や高校のある文教地区であり、星ヶ丘三越や星が丘テラスなどのショッピングモールを有する高級住宅地区でもある。名古屋へ転勤で赴任した支店長クラスを対象にした、ハイソサエティ向けのマンションも集中している。

この一等地にレクサス星が丘の店舗がある。

もし、あなたがレクサスのオーナーであるとして、東京などから名古屋へ自分の車で仕事に出掛けたとしよう。

そして、もし、全面ガラス張りのレクサス星が丘の前を通ったとしよう。

そしてさらに、もし、運転に支障がない範囲であなたの心に余裕があったとしたなら、チラッとレクサス星が丘の方へと視線を向けてみてほしい。

すると、「おや？」と首を傾げるに違いない。

店の入口に、一流ホテルのドアマンかと見紛《みまが》うような出で立ちの男性の姿を見ることができる。

次の瞬間、その男性が、深々と一礼する。

とはいっても、あなたは、その〝ドアマン〟を目で追い続けることはできない。ちょうど、信号が青に変わったところで、そのまま走り去るしかないからだ。

「……あれはいったい何だったのだろう？」

心に疑問が浮かぶ。

「え!?　ひょっとして、私にお辞儀をしてくれたのだろうか」

よくわからないが、なぜだか心の中に暖かな風が吹き込まれたような気がするに違いない。

そう、彼は間違いなく、あなたに向かってお辞儀をしたのだ。それは、何かの錯覚でもなく、たまたまのことでもない。レクサスのオーナーである「あなた」にお辞儀をしたのだ。

これこそが、レクサス星が丘の名をレクサスのオーナーたちに知らしめ、レクサス星が丘をキング・オブ・レクサスと言わしめた象徴なのである。

さて、レクサスといえば、誰もが知るトヨタの最高級車ブランドだ。もともと、北米市場で、キャデラックやリンカーン、あるいはドイツのメルセデス・ベンツやBMWに対抗するモデルとして開発された。

１９８９年のアメリカでの発売に遅れること16年、２００５年8月に日本国内においてのブランド展開が始まった。

クラウンやプリウスなどの従来の日本車とは違い、「LS」「GS」「RX」「IS」……と車種名がアルファベットで命名されているのが特徴だ。その点は、メルセデス・ベンツを意識しているかに思える。

実際に乗車して一番に気づくのは、室内の静かさと振動の微少さだ。さまざまな製造工程の技術的なこだわりによるものだが、ボディの接着にその理由の一つがあるという。例えば、ボディの鉄板と鉄板を合わせるのに、より強力な接着剤を使用している。車がカーブで曲がるとき、遠心力により外側にG（重力）がかかる。すると、鉄板に負荷がかかり接着面が剝《は》がれようとする。その際、僅《わず》かな振動が生じることになる。レクサスは一般の車に比べて格段の接着力があるため、その振動を抑えることができるわけだ。

そんな細部の品質向上の積み重ねにより、快適さが追求されている。

もちろん、その商品品質は、どのレクサス販売店で購入しても変わることはない。しかし、日本中のレクサス販売店で、その売上や評判に大きな開きがある。その頂点に位置するのが、本書の主役である「レクサス星が丘」だ。

年間受注台数は、常に1、2位を争う。そして、全国のレクサスオーナーたちのアンケート結果によるCS（顧客満足度）と合わせると、ダントツ1位の評価を得ている。関係者の間では、

「キング・オブ・レクサス」

と呼ばれ、他の販売店（別の経営母体）からは驚異の存在になっている。

また、インターネットの個人のブログでは、レクサス星が丘にまつわる数々の出来事が「レクサス神話」として紹介され、ディーラーの口コミサイトでも5つ星の最高ランクの評価を受けている。

レクサス星が丘を訪れた誰をも驚かすのは、ラグジュアリーな店内の雰囲気だ。2階のラウンジに上がるのにエスカレーターが設置されている。これは全国にあるレクサス店の中で唯一だ。その壁には、大きな風景写真がいくつも掛けられており、視覚で心を癒してくれる。筆者が訪れた際には、部屋の棚に有名作家の陶磁器が飾られ、まるで美術館のようだった。

ソファに座ると、アソシエイト（接客）の女性が床に両膝をついてコーヒーでもてなしてくれる。そこで、ついつい眠りたくなるほどに身体が沈むことに気づく。訊《き》けば、店舗の建設時にはトヨタ自動車のレクサス営業部から指定されていたソファがあった。しかし、それだとお客様が座ったときに、背中に負担がかかることがわかった。そこで特注で背もたれの高いソファを取り寄せたのだそうだ。

何から何まで一流を目指す。

しかし、そんなハード面、外見のことは本書のテーマではない。レクサス星が丘は、接客、メンテナンス、アフターサービスなどの「ソフト面」が他を寄せつけないほどに極まっているのだ。

本書では、いかにしてレクサス星が丘がナンバーワンになったのかを、「レクサス神話」といわれるエピソードを紹介しながら、ビジネスの、さらには人生の「気づき」のヒントとなるようにお伝えしたい。

読者の皆さんの中には、レクサス星が丘と同じように、住宅、自動車、貴金属、ブランド品などの高価格商品を扱う方も多いことだろう。いわゆる富裕者層に対して「どうしたら売れるのか」という答えを期待して、手に取られた方もいるに違いない。本書は、高額商品のみならず、すべての「物を売る」「サービスを提供する」仕事についている人たちのために役立つことを意識して筆をすすめた。

もちろん、その期待を裏切らないことを保証する。

だが、それ以上に、伝えたいことがある。

一つの仕事を究めると、人生そのものが変わるということだ。

そのために、レクサス星が丘のスタッフの皆さんには、プライベートの部分にまで深く話を伺った。成功の陰には失敗もある。挫折もある。自身の人生と重ね合わせて読んでいただけたら幸いである。

志賀内泰弘

No.1トヨタのおもてなし

レクサス星が丘の奇跡

目次

まえがき　1

第1章

「お辞儀」ひとつでファンになる、「挨拶」ひとつで人生が変わる！

1000人のお客様の名前を覚えている警備員　20
お店の前を通る、すべてのレクサスにお辞儀をする警備員　26
1日に1000台！　29
お辞儀にお礼の手紙が届く！　31
真夏にメロンのプレゼント　34
お辞儀がクレームの大ピンチを救う！　36
お辞儀や挨拶は「感謝の心」の表れである　40

第2章

キング・オブ・レクサスと呼ばれるまでの苦難の道

村上春樹のベストセラー小説の舞台(!?)としても登場　46
出店したいが土地がない　51
セールスしようにも名簿がない　54
レクサス星が丘のサービスメンバー客として招待　57
買い物客への駐車場の無料提供、さらに無料洗車サービス　60
オープン時は驚くほど順調な滑り出しだったが……　64

第3章

「わかりません」「できません」とは言わない

「ホスピタリティの教科書」に載せたくなる話　70
何百もの電話番号からお客様の名前を覚えてしまった！　73
お客様に教えていただく　78
365日24時間お客様モード　81
コンシェルジュは「わかりません」と言わない仕事　84
肩書が人を育てて大きくする　89

第4章

すべての人に「ハグ」する気持ちで仕事をする

「ちょっと待てよ」とあきらめずに考える　95
お客様を「ハグ」することで信頼を築く　100
「ハグ」しつつ相手に託す　104
ギリギリのところでの、さりげない「おもてなし」　108

第5章
イノベーションは小さな気遣いから生まれる

「特別に何かすることは苦手」と言うトップセールスマン　112
「売ろうとしない」セールスマン　119
「飛び込み修理ウエルカム！」という整備のプロフェッショナル　123

第6章
サービスとは、先に「心」ありき

三重にも及ぶ「理念」「マニュアル」　134

マニュアルはいらない!? 141
「感情」が足りない 146
人間的であることから出る一言……「お似合いですね」 149
どうすれば、「心」が養われるのか? 151
子どもに頑張っている背中を見せて30年 152
人を幸せにするには、自分が健康で幸せでなければいけない 156
「思いやりの心」は、苦労から培《つちか》われる 163

第7章

サプライズよりもプラスワン

チームレクサスを作る ~ミーティングの試み 172
セクションの壁を取り払う 176

ナンバーワンでなく、オンリーワンのお店にしよう　180
お客様のために尽くしていれば、数字は後からついてくる　183
お客様から頼まれない　185
「サプライズ」より、「プラスワン」　186
地域社会への貢献を仕事の中で実現　192
県外からも、わざわざレクサス星が丘へ買いに来る　200
365日サービス体制がお客様を呼び込む　201
奈良や高山までも出掛けます　203

あとがき　212

写真提供：レクサス星が丘

第1章

「お辞儀」ひとつでファンになる、「挨拶」ひとつで人生が変わる！

1000人のお客様の名前を覚えている警備員

レクサス星が丘の入口には、「まえがき」でも紹介したように、ホテルのドアマンに似た制服を身にまとった警備員が立っている。背筋をピンと伸ばし、お客様を一人ひとり出迎える。もちろん、警備員なので、歩行者と入庫する車の安全に努めるのが第一の仕事だ。

彼の名前は、早川正延《はやかわまさのぶ》という。

早川さんは、以前、警備会社に勤めていた。そして、レクサス星が丘がオープンして3年目に、レクサス星が丘の警備員として派遣されてきた。最初の頃は、普通のどこにでもいる警備員の制服だったが、途中から会社の方針で一流ホテルのドアマンに似せた制服に変更された。

警備員の格好といえば、少し警察官の制服を模したようなデザインで、誰が見ても

LEXUS
IN
レクサス 星が丘

「あっ、警備員だ」とわかる。しかし、けっしてオシャレとはいえない。ましてや、レクサスの高級感とは相反するものがある。そこで、異例ではあるが、レクサス星が丘側からの強い要望により特別にホテルのドアマンを意識したデザインの制服に変更したのだ。

名古屋の夏は暑い。連日、35度が続くことも珍しくない。名古屋には、沖縄から仕事でやってくる人が多い。彼らが驚くのは、名古屋の蒸し暑さだ。湿度が高いので息が苦しくなるほどだ。そして口を揃えて言う。「ここは沖縄よりも暑い」と。

冬も寒さが厳しい。関ヶ原の向こうの伊吹山から、「伊吹おろし」と呼ばれる乾燥した冷たい風が吹き込んでくる。

そんな名古屋で、早川さんは朝の9時から夜の7時まで、ただただ、レクサス星が丘の前に立ち、お客様を出迎え、お見送りをするという仕事をしている。

レクサス星が丘のスタッフは全員、インカムのレシーバーを身につけている。もちろん、早川さんも。お店の中から、ときおり、こんな声が聞こえてくる。

「山田様から、もうすぐ到着されるとお電話がありました」

「奥様もご一緒ですか」

「はい、お嬢さんも。ご家族みなさんで」

どうやら、接客のアソシエイトの女性と、セールスの男性スタッフが離れた所で連絡を取り合っているらしい。

ここで、早川さんは記憶の糸を手繰《たぐ》り寄せる。

（たしか、山田様は、ＬＳのハイブリッド車に乗っていらっしゃったな。色はホワイト）

別に、お店の中のスタッフにインカムを使って聞き返すわけではない。いつもご家族３名でいらっしゃることが多いので印象が強く、思い出すことができたのだ。

しばらくして、ＬＳのハイブリッド車が東山通りから左折して入ってきた。車のそばへ歩み寄ると、運転席の窓が開く。

「どこへ停めたらいいかな」

「はい、山田様。こちらへどうぞ」

その時、オーナーである父親だけでなく、奥さんも娘さんも「え？」という表情をする。

（なぜ、この警備員さんは、私たちの名前を知っているんだろう）

早川さんは、いつもインカムから聞こえてくるスタッフたちの声に聞き耳を立てている。

「○○様が、ブレーキの具合がおかしいので診ていただきたいそうです」

「GM（ゼネラルマネージャー）、○○様がお帰りになられる前に、ご挨拶をとおっしゃっておられます」

「○○様が事故に遭われて、相談に乗っていただきたいと電話がありました」

それは、特別に意識してのことではないという。

お客様を入口でお迎えするのなら、「どこのどなた」ということがわかっていた方がいい。そんなふうに気を配っていたら、だんだんとお客様の名前を覚えるようになってしまった。そうすれば、ただ、お辞儀をするにしても、心の中で「山田様いらっしゃいませ」と口ずさむことができる。要は気持ちの問題。もし、機会にさえ恵まれれば、このように直接名前を呼んで挨拶することもできる。

そんなことを続けていると、お客様の中には早川さんの顔を覚えていてくれて、帰りがけに車内から手を振ってくださる方もいるという。ときには、「こんにちは」「暑いのにたいへんですね」などと短い会話に発展することもある。そうして、顔見知りのお客様と知らず知らずのうちにコミュニケーションを交わすようになっていった。

一警備員ではあるけれども。

出社時間は9時30分だが、早く来られて待っているお客様もいるので、早めに出勤してオープン前の9時頃には表に立つようにしているという。

車が入ってくると、駐車スペースまで先導して走って案内する。そして、ドアを開けて「いらっしゃいませ。○○様」と挨拶する。

出庫のときには、インカムで「○○様がこれから裏口から出られます」と聞くと、裏口までダッシュで駆けて行き、お見送りする。基本的に、テールランプが見えなくなるまでと心掛けて。もっとも名前を覚えてしまうと、「このお客様は裏口から」とわかっているので、先取りして動くこともできるようになる。

そんなふうにして、おおよそながらも覚えてしまったお客様の名前は……。

なんと！　１０００人。

名門ホテルのドアマン顔負けの数である。ただし、受験勉強のように机に向かって暗記したわけではない。だから、クイズのように「○○様のナンバーは？」と椅子に座っていて、いきなり尋ねられても答えられるとは限らない。車種や色、お客様の顔や声などを見たり聞いたりしたときに、連想ゲームのようにパッと名前が出てくるのだという。

お店の前を通る、すべてのレクサスにお辞儀をする警備員

そのうち、早川さんは、お客様に挨拶をするのが楽しくなった。

ただ、ここに立っているだけではつまらない。もっと何かできないか。そんなことをぼんやりと考えるようになっていた。

そんなある日のことだった。

目の前の東山通りを通り過ぎて行くレクサス車にお辞儀をしたのだ。今、振り返っ

てみても、一番最初の時のことはあまり覚えてはいないという。なぜ、お辞儀をしようと思ったのか。

今から思うに……（首を傾げつつも）、それは「感謝の気持ち」だったように思うとのこと。早川さんは、レクサス星が丘で働いている。給料をもらって生活している。しかし、セールスやアソシエイトのようにお客様と話す機会はほとんどない。でも、レクサスを愛している。レクサス星が丘のお客様に何とか自分の感謝の気持ちを伝えたい。

それが、お辞儀という形になったというのだ。

ここで、率直な疑問をぶつけてみた。

「目の前を通るレクサスは、あなたのお店で購入された車とは限りませんよね？」

「はい、その通りです」

「ということは、感謝の気持ちを伝えたいとはいっても、他の販売店で購入されたレクサスという可能性もありますよね。それとも、早川さんは、ナンバーを覚えるのと同じように、遠くから見ていてレクサス星が丘のオーナーの車だと見分けることができるのですか？」

「まさか……それは無理です。だから正直、その点にどこかしら迷いはありました」

愛知県内には、他に15カ所のレクサス店がある。東名高速のインターチェンジが近いことから、他府県のレクサス店で購入された車という可能性も高い。いずれも、レクサス星が丘とは経営母体が異なる。そして、同じレクサスの販売店同士とはいえ、ライバル関係にある。

早川さんは警備という仕事柄か、寡黙だ。初対面では、朴訥《ぼくとつ》で誠実という印象を受けた。尋ねるうちに、ぽつりぽつりと、こんな話をしてくれた。

「たしかに、うちのお店のオーナー様かもしれないし、そうではないかもしれませんね。わからないけど、とにかく『レクサスに乗ってくださり、ありがとうございます』という気持ちを伝えたかったんです。特にうちのお店の車でなくてもかまわない。買ってください、というようなセールス的な意味があるわけではなく、ただただ、感謝の気持ちで……」

1日に1000台！

ここで実際に、早川さんの仕事ぶり（もちろん、お辞儀の様子）を拝見させていただくことにした。

目の前を通り過ぎる車の中にレクサスの姿を認めると、そちらの方へと立ち位置をちょっと移動させ、腰を折って一礼する。写真を撮って角度を測ってみると、倒す角度は55度。かなり深いといってもいいだろう。よくよく観察していると、上目づかいにチラッと過ぎゆく車を視線で見送っているのがわかる。僅かだが、顔の向きも車を追いかけている。まるで、「気」を送っているかのようにも見える。

ただ、想像以上に頻繁《ひんぱん》にレクサスが通ることには驚かされた（こんなにも高級車に乗っている人が多いのか！）。すぐ近くの、星ケ丘三越前の信号の変わるタイミングを計ってみると、赤信号が2分20秒、青信号が1分10秒であることがわかった。

早川さんは、1回の信号の変わるタイミングで、何台のレクサスが通るかを何度か数えたことがあるという。平均すると、7〜8台だったとのこと。朝の9時から夜の7時までの10時間で単純に換算すると、1371回のお辞儀をしている計算になる。もっとも、休憩時間もあろう。裏口からの出入庫への案内などをしていて、表にいないことだってある。それでも1日におけるお辞儀の数は1000回は下らないだろう。

次から次へと続けてレクサスが走ってくる場合には、ペコッペコッと小刻みに。1台も飛ばすことなく、あくまでも個別にお辞儀をする。

週休2日として、月に2万回、年に24万回を超えることになる。

とにかく、すべてのレクサスにお辞儀をするというのが早川さんのモットーなのだ。

失礼ながら、ふと頭に浮かんだのは「愚直」という言葉だった。「愚」という漢字が入っているので、良い意味には捉えにくいかもしれないが、お辞儀一つをここまで徹底できる「愚直さ」に「誠実さ」を覚えるのは私だけではないだろう。

笑い話ではないが、早川さんはプライベートで散歩しているときにも、レクサスを見かけると、ついついお辞儀をしてしまうという。

ドライバーの「何事か？」と驚く表情が目に浮かぶようだ。

お辞儀にお礼の手紙が届く！

もちろんそれは、上司の指示ではなく、早川さんが自発的にやっていたことだった。

ただただ、お辞儀をし続けた。

早川さんも、

「挨拶をしても、そんなに意味はないのかな～って、自分でも心の中で思うこともありました」

と本音を打ち明けてくれた。

ところが、である。

ある日、突然に見ず知らずの人からレクサス星が丘に一通の手紙が舞い込んだ。それは、こんな文面だった。

前略
突然手紙を差し上げます失礼をお許しください。

私は、昭和区在住の◯◯と申します。愛車はGS250で、お世話になっている営業所はレクサス昭和です。

なぜ、突然手紙を出させていただいたかと申しますと、どうしてもこの感激をお伝えしたく……。

レクサスを愛車として一番良かったと思う瞬間は……。

実は、運転して、星が丘のレクサスの前を通過するときです！

素敵な制服姿で、本当に丁寧に心のこもった頭の下げ方！

何回通っても感激するものです。本当にレクサスを選んで良かったと思います。

まだまだ寒い日が続きます。お風邪等に気をつけてお仕事頑張ってください。

いつもいつもありがとうございます。

草々

この手紙の主は、ひょっとするとレクサス星が丘とレクサス昭和の経営者が異なることを知らないのかもしれない。いや、オーナーにとって、そんなことは関係のないことだろう。

また、早川さんが、レクサス星が丘の正社員ではなく、警備会社から派遣されてきた警備員であること。さらに、誰の命令でもなく、自分の意思で始めたということも知らないはずだ。

しかし、早川さんの「レクサスに乗ってくださるすべての方に感謝したい」という気持ちが伝わったのだ。

実は、このような手紙は一通だけではないという。メールも含めて「嬉しかった」「ありがとう」という感謝の気持ちがレクサス星が丘には届けられている。

自ら始めたこととはいえ、戸惑いのあった早川さんも少しずつ自信が出てきた。「お客様に『ありがとう』と言われると、楽しくなるんですね。知らないうちに仕事全体の励みにもなる。すると、もう途中でやめるわけにもいかない。もうちょっと頑張ってみよう、もうちょっと……なんて思っているうちに今日まで続いてしまったんです」

手紙までとはいかなくても、頻繁にリアクションがあるという。例えば、こちらがお辞儀をすると、明らかにこちらを向いて手を振ってくださる人。

通り過ぎる瞬間に、ハザードランプをチカチカッと点滅させて合図を送る人。中には、三車線の真ん中を走っているにもかかわらず、歩道寄りに車線変更をして視線で挨拶してくださる人もいるという。

なんて素晴らしい！

言葉は一言も交わさない。にもかかわらず、感謝の心が通じている。これこそ究極の「コミュニケーション」ではないだろうか。

真夏にメロンのプレゼント

ある年の夏のことだ。

いつも目の前を通っていくレクサスGSがいた。窓ガラス越しに、ドライバーの男性と視線で挨拶を交わすような仲になっていた。もちろん、一言も言葉を交わしたことはない。ただ、レクサス星が丘のお客様でないことだけはわかっていた。

そのレクサスGSが、その日に限って通り過ぎずに店の方へとハンドルを切ってこられた。そして、駐車スペースに車を停めるとドライバーは車から降り、後部座席から何やら荷物を手にして早川さんの方へと向かってくる。

（どうしたのだろう。エンジントラブルだろうか？）

と思っていたら、こう話しかけられた。

「あんたはいつも、よく立っているね。この暑いのに」

「いいえ、とんでもないです」

そして目の前に差し出されたのはメロンだった。それも大きな贈答用の高級品。

「あんた、これ食べや。これ食べて元気つけてや」

お辞儀がクレームの大ピンチを救う！

早川さんに、ちょっと下世話な質問をしてみた。おそらくは、この本の読者も「そこ」が知りたいところだろう。

「早川さんがお辞儀をすることで、売上に結びついた、なんてケースはありませんか？」

ちょっと戸惑った顔つきをされたが、考えながらポツリと答えた。

「『君がここにいるから、僕はここで車を買うんだよ』っておっしゃってくださるお客様はいますね、何人か……。そうそう、お一人、『今度は、ここのお店で買うよ』とおっしゃった方もいらっしゃいました。他のレクサス店で購入されたオーナー様です」

実は、取材中に、ゼネラルマネージャーの吉田芳穂《よしだよしほ》さんからこんな話を耳にした。

お客様からのクレームのエピソードを聞いていたときのことだ。

誰もが知る、ある大企業の創業社長さんが、ＬＳのエンジントラブルで怒ってこられた。

「何回修理したら直るんだ」

と。明らかに店の責任ではあるが、その対応が後手に回ったり、速《すみ》やかでなかったがためにこじらせてしまった。

セールスはもちろん、吉田さん自身も何度も謝罪に伺ったが、なかなか許していただけない。普段からピリピリと緊張感が伝わってくるような方で、平身低頭で謝るしか方法がない。

そんなことが繰り返されるうちに、こちらの誠意が伝わったのか、

「まあ、元々の機械に原因があることだから、君たちの責任じゃないのはわかっている。気の毒だったな」

と同情していただけるまでになった。

そして、次に訪問したとき、社長はこう切り出された。

「僕はね、毎朝出勤するときにね、実は、レクサス星が丘の前を通るんだよ」

「……」

「そうするとね、店の前に立っている彼がね、お辞儀をしてくれるんだよ、毎朝、毎朝ね。運転手がいるから、僕はいつも彼の方を見ることができるんだ。なんとも気持ちがいい。感心するよね、いつもいつも……」

黙って聞いている吉田さんに、社長はこうおっしゃったという。

「あの彼に免じて、今回のことはなかったことにしてあげよう」


吉田さんは、本当に救われた思いがした。

早川さんのお辞儀が、まさかこんなにもレクサスのオーナーの心の奥深くまで響いていたとは思いもしなかった。

下世話な言い方になるが、「物が売れない」と言われる時代に、お辞儀一つで物が売れたらこんなに安いものはない。なのに、他店（あるいは異業種の店）で真似しているという話を聞いたことがない。値引きをしたり、ポイントカードを作ったりしなくても、無料でお客様に提供できるものはたくさんあるはずだ。お辞儀、笑顔、挨拶……。早川さんは、そんなことを実践し証明してくれている。

実は、早川さんは現在、キリックスグループのネッツトヨタ東名古屋の社員として、レクサス星が丘で警備の仕事をしている。それまで警備を請け負っていた警備会社が撤退することになったとき、そこに勤めていた早川さんは、すぐさま「うちの社員として警備の仕事をしてもらえませんか」と声を掛けられたのだった。もちろん、即座に「お願いします」と返事をした。

この時、すでにお辞儀は始まっていた。

レクサス星が丘は、なんと貴重な人材を確保したことだろう。そのことに気づいていなければ、大きな鯛を大海に逃がしていたことになっていたかもしれない。

現在は、平日はほぼ早川さん一人で、来店のお客様の増える週末は、もう一人の警備担当の男性と交代でお辞儀をしている。

お辞儀や挨拶は「感謝の心」の表れである

早川さんに、素朴な質問をしてみた。

「若い頃から、挨拶とか、お辞儀とかが得意だったんですか?」

なぜなら、寡黙で朴訥とした人柄から、とても社交的とは思えないからだ。取材をしていても、ポツリポツリと、考えながら詰まりながら言葉がこぼれてくる。人と接するのが本当は苦手なのではないか。

「はい、恥ずかしながら、子どもの頃から挨拶とかが苦手だったんです。それは大人になっても変わりませんでした。ところが、結婚してから家内がとてもしっかりした人で、『おはよう』って毎朝言ってくれるんです。それまでは、家族の間でも挨拶する習慣があまりなかったので、とても新鮮で嬉しかったのを覚えています。そこから、だんだんと私も、外で挨拶を心掛けるようになってきたんです」

「すると、奥様のおかげが大きいのですね」

「僕は、仕事でも何でも、よく家内に話します。『今日は、お客様からメロンをもらったよ』とか『お客様からこんな手紙をもらったよ』と言うと、家内は『すごいね～、ありがたいね～』と言ってくれるんです。そして二人で、『本当にありがたいね』とか『うん、そうだね』って言い合うんですね。家内は、感謝ということをよく口にします。僕もその影響で、知らぬ間に『感謝の心』が身についたのかもしれません」

お辞儀を始めたのは、お客様に「感謝の気持ち」を伝えたいという一心からだった。

そして、なんと、その大本は、早川さんの奥さんにあったのだ。

だからこそ、早川さんの「お辞儀」という行動には、打算が感じられないのだろう。「感謝の気持ち」が出発点にあるわけだから、「買ってほしい」という見返りを期待することは一切ない。

これは簡単なようでいて難しい。

人は普通、見返りのないことはやらないものだ。ボランティアならともかく、仕事の場で見返りを期待するのは当然のこと。「給料を上げたい」「出世したい」などという欲望が働くエネルギーとなり、それがお客様へのサービスへと繋がるのだ。

だからこそ、早川さんのピュアな行動が人の心を打つに違いない。

お客様から届いたお礼の手紙は、いつも見ることができるリビングの机の上に額に入れて飾ってあるという。

レクサス星が丘の流儀

見返りは期待しない

第2章

キング・オブ・レクサスと呼ばれるまでの苦難の道

村上春樹のベストセラー小説の舞台(⁉)としても登場

商いとは不思議なものだ。

売上が一旦《いったん》落ちて店が傾くと、今までいたお得意様も去っていく。負のスパイラルに陥るとなかなか抜け出せない。

反対に来店客が増えれば、その様子を見たり、「繁盛しているらしい」という噂《うわさ》が噂を呼んだりして、ますます売上が伸びる。正の連鎖が起きるのだ。

レクサス星が丘もしかり。ナンバーワンになる道のりは険しいものだったが、今では、

「友人から、ここのサービスが図抜けているって聞いたので」

「ネットで評判を見て」

などと、セールスをしなくても来店するお客様が大勢いる。それは、県外にも及ぶ。中には、経営者の団体が、「ぜひ、その秘密を知りたい」とツアーを組んで見学

に訪れることもある。

そんな評判も手伝ってか、ある時、レクサス星が丘は思わぬ形でマスコミに取り上げられることになった。

村上春樹の長編小説『色彩を持たない多崎つくると、彼の巡礼の年』（文藝春秋）の中に登場する「レクサスのショールーム」というのは、レクサス星が丘のことではないかというのだ。

本の発売後、熱烈なハルキストの間で、「レクサスのショールーム」がどこの店なのかということが話題になっていた。ハルキストとは、シャーロック・ホームズの熱狂的なファンを自認するシャーロキアンと同じように、村上春樹の小説のストーリーだけではなく、登場する料理や音楽などをも研究する人たちのことだ。登場人物や設定場所のモデル探しをする中、名古屋市内の「レクサス名古屋西」「レクサス高岳」の両店が有力であると噂されていた。

ところが、小説の中のある描写から、「レクサス星が丘」有力説が浮上したのだ。

次の文は、主人公の多崎つくるが友人のアオが勤めるレクサス店を訪ねるシーンだ。

「つくるはレセプション・デスクに行って、そこに座った若い女性に話しかけた。彼女は髪を上品に上にまとめ、ほっそりした白い首筋を表に出していた。デスクの花瓶にはダリアがピンクと白の大きな花を咲かせていた」

レクサスでは、全国統一の「ヘアスタイル　ガイドライン」が設けられている。ショート、ミディアムショート、ロング、セミロングと髪の長さに分けて、それぞれのセットの仕方を指導している。基本的には、「接客業にふさわしい清潔感のあるスタイル」を心掛けることになっている。

しかし、レクサス星が丘では、接客をするアソシエイトの髪型をあえて一つに指定している。下に垂れないように、髪を頭の上で丸くまとめるようにと。いわゆる「夜会巻き」だ。女性にとって髪型はもっとも大切なファッションの一つ。また個性をアピールするのにも欠かせない。この実施には当初、スタッフの女性たちとの話し合いを要したが、「お客様を気持ちよくおもてなしする」ために統一されることになった。

LEXUS

「彼女は髪を上品に上にまとめ」という表現がこの「夜会巻き」に当たるというのだ。

さらに、すぐ近くにスターバックスがあること、そのまた近くにベンチのある公園があることなど、状況を研究すればするほど、レクサス星が丘が舞台だと推測されるという。

しかし、何より「レクサス星が丘」が有力とされたのは、この表現だった。

「訓練された滑らかなしゃべり方だった。敬語の使い方も間違っていない。そして待たせることを本心から申し訳なく思っているように聞こえた。教育が行き届いている。あるいはそういうのは生来のものなのだろうか?」

おそらく、全国どこのレクサス店でも同じような接遇をしているに違いない。しかし、レクサス星が丘の「おもてなし」の評判が高まれば高まるほど、「村上春樹は、ナンバーワンという噂を耳にして小説のモデルにしたのではないか」という勝手な憶測を呼んだのではないか。

今では、そんな高い評価に戸惑うレクサス星が丘のスタッフたちであるが、オープン時、いや、オープンに至るまでは苦難の連続だった。

出店したいが土地がない

バブル期を経て、景気は長期の低迷を続けていた。後に「失われた20年」と呼ばれる時代の真っただ中、自動車業界も成熟期に入り、販売台数も飽和状態で市場の新たなニーズの開拓にも手がつかないでいた。

そんな中、トヨタ自動車は、国内市場でのレクサスブランドの立ち上げを発表した。それは、既存の5つのチャンネルの販売店網とは別の「レクサス店」を設立することを示していた（当時、「トヨタ店」「トヨペット店」「カローラ店」「ネッツ店」「ビスタ店」の5つのチャンネルがあったが、レクサス店の創設とともに、「ビスタ店」と「ネッツ店」が統合して新「ネッツ店」となった）。

しかし、誰もが手を挙げて、レクサス店を作れるわけではなかった。トヨタ本社では、レクサス店開設の応募条件が次のように定められた。

①　トヨタ店、トヨペット店はセルシオの既得権でもって複数店可

②　カローラ店、ネッツ店、ビスタ店でも優秀店であれば可

③　定められた地域に店舗を構えて販売する

名古屋市内で競合すると想定されたライバル他社では、早々に好条件の出店地を確保し、応募しているという情報が入っていた。しかし、「ぜひ」という気持ちは強かったが、ネッツトヨタ東名古屋（前ビスタ東名古屋）では候補地の選定で苦難を強いられていた。

最優秀店ということで、立候補できるだけの実力は持っていたが、名古屋東部を中心とした主たる担当地域内ではなかなか見つからない。自動車販売店は、特に立地が重要で、どこでもいいというわけにはいかない。さらに、駐車場スペースの確保を考えると、ある程度の広さも必要になる。

とうとう候補地さえ見つからないまま、応募の締め切りの前日となり、半ばあきらめかけていたときのことだった。

キリックスグループ社主の山口春三さんが奥さんから「星ヶ丘三越で買い物がしたい」と運転手を頼まれ、渋々ハンドルを握った。駐車場には入らず、デパートの北側に停車して奥さんを待つことにした。すると、目の前に、大きな空き地が広がっているのが目に飛び込んできた。以前、スーパーマーケットだったところで、それが最近取り壊されて更地《さらち》になっていたのだった。

「ここだ！」

と直感した。

即座に調べてみると、所有者は東山遊園株式会社になっていた。偶然にも会長の水野民也氏（故人）、社長の茂生氏とは、以前から親交が深かった。翌朝、一番で訪問。山口社主は、「日本一のレクサス店を作りたい」、さらに「単なる車の販売店の出店というのではなく、レクサス星が丘を星が丘全体の町づくりの拠点としたい」という旨を熱く語り、出店地の協力をお願いした。

すると、「星が丘のために、かねがねナショナルブランドを誘致したいと考えていたところです」と言われ、両者の思いが合致した。実は、この東山遊園株式会社の水野家は、星が丘の地をゼロから開発した功労者だった。名古屋市が東山動物園を作る際に、大規模な土地を市に寄付したり、学校やデパートなど多くの施設を誘致してきた。それは東京の田園調布を作った五島《ごとう》慶太のような存在だった。それだけに、山口社主の申し出が心に響いたのだろう。

その日のうちに賃貸契約の覚書を交わし、翌日（締め切り日当日）にトヨタ自動車に持ち込んだ。

「妻の運転手を嫌々ながらも引き受けたことが、事態の好転に繋がり、神か仏の為《な》せる業《わざ》と天命を感じた」

と言う。

これを受けて、トヨタ自動車のレクサス準備室に伺いを立てると、どよめきが起きた。それほどの一等地だったからだ。これにより、レクサス星が丘の第一歩がスタートした。

セールスしようにも名簿がない

車のセールスというと、誰もが思い浮かぶのは戸別訪問だ。店舗の周辺地域の1軒1軒を「ピンポーン」とドアホンを押して回る。不在なら、イベントのチラシやパンフレット、そして名刺を郵便受けに入れる。かつて自動車のセールスをしていた筆者の友人に話を聞くと、1年に3足も靴を履きつぶしたと言う。また、真夏に高層団地の階段を上り下りしながらしらみ潰しに回った際には、疲労で血尿が出て倒れたと懐《なつ》かしげに話す。

しかし、この方法は前世紀の遺物に近いものになっている。

現在は、一番のセールスは既存のお客様からの紹介だ。既に顧客になってくださっているのだから、信頼がある。信頼から信頼へと紡いだ関係なら、最初から話が上手く運びやすい。

次は、イベントや展示会をしてお客様にお店に来ていただくことだ。新車発表会や試乗会だけでなく、納涼祭りや地域の子どもたちの写生コンテストの発表会などを企画するところもある。もちろん、これにはチラシの投げ込みや新聞への折り込みが必要になる。

レクサス星が丘では、2005年8月のオープンに向けて開設準備の段階で大きな壁に当たった。

事前にセールスを始めようとしても名簿がないのだ。名簿と言っても、俗に言う名簿屋さんから地域の高額所得者の名簿を買い取って、それに基づいて順番に電話をかけるということではない。もっとも、2003年5月に個人情報保護法の一部が施行され（2005年4月1日に全面施行）、名簿セールスというもの自体が実質的に困難になっていた。

このことを理解いただくためには、まずトヨタ自動車の販売チャンネルについての説明が必要になる。


トヨタ自動車は現在、「トヨタ店」「トヨペット店」「カローラ店」「ネッツ店」という4つの販売チャンネルを持っている。

そのうち、トヨタ店はセンチュリー、セルシオ、クラウン、ソアラ、トヨペット店はセルシオ、ソアラという高級車を擁《よう》していた。そのため、両チャンネルではレクサス店の立ち上げに際して、この4つの車種のオーナーに対して、レクサスへの買い替えをセールスできたのだ。つまり、「名簿」を持っていたということになる。

元々、セルシオはレクサスLSへ、ソアラはレクサスSCに移行されることが決まっており、それは想定通りの戦略だった。

ところが、ビスタ店（当時）は、ターセル、イプサム、ビスタなどのコンパクトカーやファミリーカー中心のラインナップで、とても、レクサスへの買い替えセールスは容易ではない。

トヨタ店やトヨペット店とは、スタート時点から大きく差がついてしまった。「このままでは、他店にお客様を全部取られてしまう」と焦りばかりが募っていった。

レクサス星が丘のサービスメンバー客として招待

しかし、ネッツ店（当時ビスタ店）としても指をくわえてオープンを待つわけにはいかない。

そこで、今では珍しい飛び込み営業を行った。法人専門の部隊を作り、とにかく

「ここは」という会社にアポなしで訪問し、社長と名刺交換をしてくる。そこへ後日、DMを送る。

また、加盟していた経営者団体の名簿を見て、社長宛に手紙を書いたりもした。

まさしく格好など気にしていられない汗まみれの営業だった。

そんな中、一つのアイデアが生まれた。

当時、ビスタ店での最高価格帯でアリストという車種があった。後にレクサスGSに移行される予定だった。高価格帯とはいっても、450万円から600万円くらい。セルシオにはとうてい及ばない。

そこで、ネッツトヨタ東名古屋の21店舗におけるアリストの顧客名簿を作ることにした。それまでの顧客がニューファミリー層中心であったこともあり、300名弱しかいなかったという。「この300名を大切にもてなそう」ということで、プレオープンの時点で全員をレクサス星が丘に招待する。そして、アリストのオーナー一人ひとりに、これから開業するレクサスのセールスコンサルタントを担当として付けた。

レクサス星が丘には、他の店舗にはない酸素バーやゴルフクリニックなどの独特な設備やサービスがある。アリストのオーナーにもレクサスのオーナーと同じサービスが受けられるようにしたのだった。

さて、オープンしてみると、店はお客様であふれかえった。

まずは、マスコミのパブリシティ効果が大きかった。また、レクサス星が丘の工事中から、ガラス窓に「8月30日オープン」と近隣にアピールしており、「今か今か」と待ち受けている人が多かったようだ。

もちろん、アリストのオーナーも来店したが、もっとも多かったのがベンツやBMW、さらにポルシェやフェラーリなどの世界の高級車のオーナーで、それらが次から次へと押し寄せ、さながら輸入車ショーのような状態になる。

なんと一日に200組、数百人が来店。その後も、週末に100組、平日でも30組のお客様が訪れた。何しろセルシオの「名簿」がないままスタートしたというのに、向こうからベンツなどのオーナーが来てくださり、名前や住所を書いていってくださるのだからこんなにありがたいことはない。

それはレクサスという車の魅力だった。オープン前の悩みは取り越し苦労だった。

しかし、このことが3年後、大きな落とし穴を招くことになろうとは、スタッフの誰も気づいていなかった。

買い物客への駐車場の無料提供、さらに無料洗車サービス

名簿がないのだから、とにかくオープン後は、購入いただいたオーナーと会う機会をたくさん作ることを作戦の中心にした。

そのために知恵を絞った。

レクサス星が丘の2軒隣には、星ヶ丘三越がある。その周辺にはいくつもの契約駐車場がある。雨の日には、車を停めた後、傘を差して三越まで歩かなければならない。それよりも女性ドライバーは立体駐車場に停めるのが苦手な人が多い。

そして何より、有料である。三越での買い物金額に応じて無料の駐車時間が段階的に変わる。高級住宅地に住むオーナーの奥様が、夕食の惣菜を買いに三越へ来るとする。いくらお金持ちとはいえ、滞在時間が長くなれば駐車料金が気になるはずだ。

レクサス星が丘では、そこに目を付けた。

「どうぞ、お買い物の際には、いつでも当店の駐車スペースをご利用ください」と。平日には奥様が、週末にはオーナーが家族連れでレクサス星が丘に駐車して、三越や周りのブランドショップで買い物をされるお客様が増えていった。


それだけではない。

「お買い物の間に、洗車しておきましょうか」

と声掛けする。もちろん無料だ。機械ではなく、すべて丁寧に手洗いする。

車を購入する際には、普通、価格交渉が当たり前のことになっているが、レクサスは、購入時に一切の値引きをしない。定価通り。しかし、アフターケアなど、サービスが手厚いことが料金の中に含まれているという理解なのだ。

毎週1回、洗車をされるお客様がいる。一年に50回。駐車料金と合わせると、値引き価格を補っても余りあるほど「お値打ち」になる（「お値打ち」とは、名古屋弁で価値があるものが本来の価格よりも安く手に入る「お買い得」の意味）。

一見、損をするように思えるが、ここに重要な戦略が秘されているという。

一日に一人のセールスが10人のオーナーの家を回ることは至難の業である。そもそも、第一線で活躍する人ほど忙しい。こちらから訪問するにもアポを取ることさえたいへんだ。しかし、「無料」ということで、お客様の方から店に来てくれる。直接「会う」ということは、次のビジネスチャンスに繋がるということ。

来店時に、ちょっとしたおしゃべりのついでに、「いついつ新車が発売されます」というニュースを伝えることもできる。もし時間に余裕があれば、店内でゆっくりとコーヒーを飲んでいただきながら説明することもできる。

そうそう、レクサス星が丘では、スタッフが数多《あまた》あるコーヒー豆の種類から選んだブレンドコーヒーを提供している。その他、紅茶、ジュース、日本茶などメニューはホテルのラウンジ並だ。また茶菓も近くの洋菓子店に依頼し、レクサス星が丘オリジナルのものを作ってもらっている。筆者が訪れた際に出されたクッキーには、レクサスの「L」の文字がデザイン化して書かれてあった。

「戦略」と書いたが、実は事の始まりは、一人のお客様とテクニカル（整備）の会話だったという。お客様が、

「これから三越で買い物するんだけど」

と言われたので、

「うちでお車をお預かりしましょうか？」

と申し出た。何しろ、オープン当時は修理や車検の仕事がほとんどないので、テクニカルは暇で仕方がない。そこで、

「じゃあ、ついでに洗車しておきましょう」

と言ってしまった。そのうち、駐車して買い物に行かれたお客様に黙って洗車をしたら、「おお！ キレイになっている」と驚かれた。これがきっかけとなり、無料洗車が始まった（現在では、依頼のある場合に限り洗車している）。

現在、一日に平均すると50台の無料洗車をしているという。

10人のお客様を訪問するどころか、50人のお客様が向こうから来てくださる。もし、無料洗車という観点だけで物事を考えていたら、ビジネスはとても成り立たない。それを新車発表のDMの代わりの「広告」だと思えば、これほど安価なものはないという。

そして、何よりお客様に喜んでいただける。

ゼネラルマネージャーの吉田芳穂さんいわく、

「買い物の間に車をお預かりして洗車を無料でするというのは、おそらくうちの店だけの試みかと思います」

オープン時は驚くほど順調な滑り出しだったが……

受注台数は、次のように推移し、なんと初年度から全国のレクサス販売店の中で、第2位になるという結果を得ることができた。そして、その翌年の7月にはレクサスLSが満を持して発売されたこともあり、一層順調な滑り出しとなった。

2005年　受注台数　212

2006年　受注台数　425

2007年　受注台数　432

ところが、開業3年目に入り、順調と思われた受注台数の伸びに陰りが認められるようになった。頼りの新型車発売の予定がないまま、2008年9月15日、リーマンショックが世界中を不況の渦に巻き込んだ。注文を受けていたお客様からキャンセルの申し出が相次いだ。本来なら成約し発注済みであり、キャンセル料が発生する。しかし、お客様の事情を一人ひとり伺うと、とても請求できることではなかった。一時的にキャンセル数が受注数を上回る事態になった。

そして、受注台数は一気にしぼみ、レクサス星が丘の冬の時代が始まった。

2008年　受注台数　260　（前年度対比約40％ダウン）

一番の大きな要因は、リーマンショックであることに間違いない。

しかし、ゼネラルマネージャーの吉田芳穂さんは、「売れに売れていた」時期にも将来の不安を抱えていたという。

それは、高級車に乗る富裕層のお客様の「気持ち」がわからなかったためだという。

当時、レクサス星が丘の開設準備室を作った際、21店舗のネッツトヨタ東名古屋の精鋭が集められた。もちろん、トップの成績を誇る営業マンだ。しかし、それまでに扱っていたのは、ファミリーカーやコンパクトカーが主体だった。普段、医師や弁護士、公認会計士、社長や理事長などという肩書の人たちと話す機会すらなかった。社会的に地位のあるお金持ちが何を求めて何を考えているのか理解できなかったのだ。

とにかくセールスは緊張したという。

ところが、わからないままにレクサスは売れてしまった。売れたがために、お客様の気持ちを深く考える機会を逸してしまったのだった。

そのツケが、リーマンショックとともにやってきた。

キリックスグループ全体で法人取引をしていただいている会社がある。キリックスリースやネッツトヨタ東名古屋で営業車をたくさん契約していただいている。その会社の社長が、レクサス星が丘でレクサスを個人で購入してくださった。ところが、一つ不手際が起きると、「こんなにサービスの悪い会社だったのか」と法人取引にまで影響が出てしまいかねない。何とも恐ろしい負の連鎖だ。

その時、吉田さんら幹部は考えた。

「これは今からでもコツコツ勉強するしかない」

そこで、レクサス星が丘設立時の理念に立ち返り、再度「おもてなし」を追求することにした。

レクサス星が丘には41名のスタッフがいる。それは、そのスタッフ一人ひとりの挑戦だった。

ここからは、アソシエイト（接客）、セールス（営業）、テクニカル（整備）のスタッフたちが生んだ「レクサス神話」と呼ばれるエピソードを中心に、いかに日々、お客様の立場に立ち、お客様を思いやり、お客様に愛されるまでになったかを綴《つづ》っていきたい。

ここに、奇跡の物語が始まる。

レクサス星が丘の流儀

他にはないサービスを工夫する

第3章

「わかりません」「できません」とは言わない

「ホスピタリティの教科書」に載せたくなる話

「ちょっと自慢になってしまいますが、うちのアソシエイトたちのおもてなしは素晴らしいですよ」

レクサス星が丘には、アソシエイトと呼ばれる15名の女性がいる。アソシエイトとは、レクサス星が丘独自のネーミングで、来店客の受付対応・おもてなしから、電話やメールなどのあらゆる接客を担当している。開設準備の時から指揮を執ってきた専務取締役の山口峰伺さんは、こんな話を聞かせてくれた。

ある日、山口さんが、すでにレクサスを購入されているオーナーご夫婦とラウンジで向かい合って話をしていた時のことだった。アソシエイトの一人が、スッと近づいてきたかと思うと奥様の脇により、何かを手渡すのが見えた。奥様は、最初、「えっ⁉」という表情をされたが、すぐにハッとした様子でアソシエイトに小さくお辞儀をした。

（おや、何だろう）

と山口さんが不思議に思っていると、奥様は、「ちょっと失礼します」と言い、化粧室へ行かれた。そして、しばらくすると、何事もなかったかのように席に戻られた。

そのことが気になって仕方がなく、お帰りになられた後、そのアソシエイトに「何か渡したよね」と尋ねた。すると……。

ご夫婦のお客様にコーヒーをお出しした時、奥様の右足のストッキングが伝線していることに気づいたのだという。女性にとって、伝線は大敵だ。しかも、所かまわずやってくる。アソシエイトという仕事柄、自分でも予備をバッグに持っていた。

しかし、奥様の履かれているストッキングとは色が異なる。自分は担当をしているので、席のそばを離れることができない。そこで、インカムを使って、仲間のアソシエイトに指示をして、すぐ2軒隣の三越百貨店で同じ色のストッキングを買ってこさせた。「ダッシュでね！」と。

そのストッキングを仲間から受け取ると、周りの誰にも悟られぬように「私の持っていた予備でよければお使いください」と、テーブルの下でこっそりと手渡したのだという。隣のご主人はかまわないとして、目の前には接客をしている山口さんとセールスの担当者がいる。二人とも男性だ。他にも来店客に見られるかもしれない。だから、その場の「誰にも気づかれぬよう」「お客様の心の負担にならないよう」に、「素早く」対応することが必要だと判断したのだという。

たしかに自慢したくなる気持ちが理解できるというもの。

女性ならではの心憎い気遣いだ。相手の立場に立って考えているからこそできること。最近よく、「ホスピタリティ」という言葉が使われるが、これこそホスピタリティのお手本として教科書に載せたくなるようなエピソードである。

この話の女性に勝るとも劣らないアソシエイトの一人である清水香合さんに話を伺った。彼女は、課長職にありコンシェルジュ・リーダーの肩書を持っている。

実は清水さん、前述のストッキングのエピソードの先輩を尊敬し、仕事の目標として頑張ってきたという。最近になって、ようやく「追いつけたか」と自信が持てるようになったが、新人時代には気持ちばかりが先行し、焦るばかりの日々だったという。

何百もの電話番号からお客様の名前を覚えてしまった！

清水さんは、以前、ブランドショップで働いていた。もともと、お客様と接する仕事が好きで、自分の可能性をもっと高めたいと思っていた。そんな矢先のこと、レクサス星が丘がアソシエイトの新規募集をすることを知り、オープンの翌年契約社員として途中入社することができた。

意気揚々として出社すると、思わぬ仕事を命じられた。バックヤード業務である。アソシエイトという肩書には違いないが、一言でいうと「電話番」だ。朝から晩まで、電話が鳴り通し。平日でも100本以上の電話の応対をしていたという。

ちょっと清水さんには内緒で、上司に当時の様子を訊いてみた。

「あの頃、彼女はいつも愚痴《ぐち》ばかり口にしていました。『とにかく、私は、こんな四方を壁で囲まれた部屋で一日中電話を取り続けるなんて耐えられません。お客様と会わせてください』、と」

そう言う彼女に個人面接をした。すると、アニメのキャラクターの付いた可愛いノートを目の前に広げたかと思うと、「何を言えばいいんですか〜」と、女子高生のような甘えた声でしゃべり始めたという。接客どころか、まだ社会人としての自覚ができていない。正直なところ「これはたいへんだな」と感じたという。

そんな清水さん自身も、実は一つのトラブルから、身をもって「自分の力不足」を知ることとなる。

「忘れもしません。あれはレクサスのＬＳ４６０が発売されたばかりで、嵐のように忙しい日の出来事でした」

清水さんは、お客様から一本の電話を受けた。

「今から伺ってＬＳを試乗したいんだけど、乗れますか？」

と。そこで試乗の受付担当者に、「今日は、ＬＳの試乗はできますか？」と尋ねた、すると、「できるよ」と言うので、そのままお客様に「はい、お乗りいただけます」と返事をした。しかし、これがこの後、とんでもない騒ぎに発展する。

そのお客様が到着され、「いざ試乗を」と申し出られた。ところが、肝心の試乗車が出払っていてお店にない。まったくの単純なミスだった。「今日」試乗はできるけれど、予約がたくさん入っていて、「何時」という確認ができていなかったのだ。

お客様は、「電話して来たのに、なぜ乗れないんだ！」とカンカン。悪いことは重なる。すぐに確認ミスだとお詫びすればよかったのだが、15分くらい待たせてしまった。お客様は腹を立てて帰ってしまう。

その後、帰社したセールスから怒鳴られた。

「もう購入を決めておられるお客様だぞ！　最後に試乗して判を押していただくという段取りになっていたのに」

その日、清水さんは2時間泣き続けたという。

その時、前述の先輩に指導された。

「一つひとつのことを確実にやる」

「そうしないと、またこういうことが起きるわよ」

清水さんは、以来、「これは大丈夫かな、大丈夫かな」と何度も何度も繰り返し確認するようになったという。貴重な時間を割《さ》いてまでお越しくださるお客様だ。隅々まで、お客様の先回りをして電話対応をする。

例えば、これから6カ月や1年点検を受けたいお客様がいるとする。すると、予約の時間を訊くだけではなく、「何かお車の気になるところはございませんか?」と尋ねる。「そういえば、最近、ブレーキが鳴くんだよね」とおっしゃる。そこで終わるのではなく、「それは、どういう時に音がするのでしょうか」と突っ込んで訊く。

雨の日か、昼夜を問わずか、高速道路でか、カーブでか……と、次に応対するテクニカル（整備）スタッフに引き継ぐため、早い段階からできる限りの情報を集めておく。そうすることで、少しでも早く点検を終わらせ、お客様に満足していただけるようにする。

自分は、バックヤードの人間だけれども、「何ができるか」を徹底して実践するようにしたのだ。

そして、そのサービス魂が電話番の仕事に奇跡を起こす。

清水さんは、電話の向こう側の見えないお客様のことを思い浮かべるようになっていた。ただ、なんとなく電話を取るのではなく、自分にも何かもっとできることがあるのではないか。

お客様から電話がかかってくると、電話機のナンバーディスプレイに相手の電話番号が表示される。最初は、

「ありがとうございます。レクサス星が丘の清水でございます」と受ける。そこで、清水さんは、そのお客様の電話番号を意識して覚えるようにした。一度では難しいが、何度目かの電話がかかってきた時、自信を持ってこう応対することができた。

「鈴木様、いつもありがとうございます」

「田中様、いつもお世話になっております」

徐々にその数が増えていく。そのうち、「あれ、なぜ僕の名前がわかるの？」と言われるようになる。この不思議な電話の受付の主は誰なんだろう。

「清水さんっている？　まだ会ったことがないんだけど」

と、わざわざ会いに来るお客様が出てきたという。

「絶対に自信のある時にしか、お名前は言いません。もし間違っていたら失礼になりますから」

そして、暗記する電話番号と名前は、何十、何百と増えていった。

後日談だが、レクサス星が丘ではその後しばらくして、電話機のナンバーディスプレイにお客様の名前が一緒に表示されるシステムに切り替えた。これにより、暗記することなくお客様の名前をお呼びすることが可能になった。これは清水さんがもたらした成果である。当然ながら、機械では声を聞いただけでお客様のお名前と番号を自動的に結びつけることは今もできない。

お客様に教えていただく

それから、1年半ほどが経ったある日のことだ。

清水さんは、希望していた接客の仕事に就くことができた。喜び勇んで臨んだ。しかし、その頃、お客様のアンケートを目にして愕然《がくぜん》とした。そこには、こんなことが書いてあった。

「女性スタッフの車に対する知識が乏しい。車屋なら、知っていて当然のことが答えられない」

ショックだった。それが自分のことを指摘しているのかどうかはわからない。でも、当たっていたからだ。接客の仕事がしたいと望んでいたのに、一通りの研修は受けたもののレクサスのことどころか、車のことをよく知らない。当時のスタッフのほとんどがベテランだった。ネッツトヨタ東名古屋の各店で活躍していたトップの人たちばかり。そんな中で、ほとんど新人に近いのは清水さん一人。

そこで、猛勉強を始めた。カタログや取扱説明書を読むのはもちろん、仕事が終わった後で、テクニカルスタッフに無理を言ってエンジンのことなどを教えてもらった。お客様との会話の中で、空気圧のことが話題になったことがあった。

「何キロ入っているのがいいの?」

即答できない自分が悲しかった。その夜、整備のところで教えてもらい、実際に自分で入れて調整してみた。そんな時、テクニカルスタッフに、「バンパーって何の材料でできているんですか?」などと、日頃の疑問を尋ねたりもする。

ここで、ちょっと意地悪な質問を投げかけてみた。車の知識なんて奥が深くて一朝一夕には覚えられないのではないか。車に関する知識だけではない。接客についても、しかり。相手は高級車レクサスのオーナーだ。おそらく、旅行に出掛けるときにはグリーン車に乗り、一流ホテルのスイートに泊まる。一流の「おもてなし」を受けることに慣れている人たちだ。それが、普通の生活をしているスタッフが、どうして一流の人たちを満足させるサービスができるのか。

清水さんは、素直に答えてくれた。

「そうですね。わからないことがいっぱいです。だから、**わからないことは、素直に『教えてください』とお願いします**。レクサスのお客様は、ただお金持ちというのではなく、社会的な地位がおありで人格もお人柄も優れていらっしゃいます。いろいろなことをたくさん教えてくださいます」

もちろん、清水さんの方から、会話に出たレストランや音楽、本のことなどを積極的に尋ねるようにしているという。

京都の懐石料理店の話が出たら、その名前を覚えておいて食べに出掛ける。ラウンジで点検の時間待ちのお客様が本を読んでおられたら、「もしよろしければ、何の本か教えていただいてもいいですか」と尋ね、次に会うまでにその作家の本を読んでおく。こんなことも……。「ウィーン・フィルを聴きに行った」という話を聞き、すぐさまチケットを取り、自分も聴きに出掛けた。しかし、日程の都合でなんと神戸まで出掛けることになったという。

「とにかく勉強の日々です。ランチに5000円は厳しいですけど」

と苦笑いされた。

365日24時間お客様モード

「お客様に喜んでいただきたい」

そんな思いが募り研鑽《けんさん》を積む中で、清水さんはある出来事に遭遇する。

勤め帰りに家の近くのスーパーに立ち寄った。その道のりで、舗道の脇にベンツとレクサスRXが並んで停まっているのが目に留まった。高級車2台なので目立つということもある。そばでは、二人の男性が立ち話をしていた。

何気なく通り過ぎてスーパーで買い物をしている最中に、記憶が蘇《よみがえ》った。

「たしか、あのナンバーは?」

その場で、店に電話をしてまだ残っていたスタッフに至急調べてくれるように頼んだ。

「白色のRXです。ナンバーは○×△△。ひょっとすると、○○様のお車ではなかったですか?」

ドンピシャだった。清水さんは、多くのお客様の車のナンバーまで記憶をしているのだ。

「そうそう、その通りです」

という返事が返ってきた。すぐさま、来た道を戻った。まだ、さきほどの二人の男性がそこにいた。恐る恐る一方の男性に声を掛けた。

「あのう……○○様でいらっしゃいますよね。私、レクサス星が丘の者ですが、何かおありでしたか?」

「いや、実は事故を起こしてしまいまして。こちらがぶつけてしまい困っていたところなんです」

見たところでは、接触事故のようだった。お互いのボディがこすれる程度。すぐに店に電話をして事情を説明し指示を仰いだ。

相手方のベンツのお客様にも挨拶をし、警察への届出や保険の手続き、修理など今後の対応について説明をした。後日、レクサスＲＸのお客様にはたいへん感謝された。というのは、相手の男性が少し強面《こわもて》で、怖くてまともに話ができない状態だったのだという。過失はこちらにあった。よけいに動揺してしまい、どうしたらいいか判断ができなくなっていた。

そこへ、天使のように助け舟が現れた。相手の男性も美しく若い女性が仲立ちに現れたこともあり、態度が軟化したらしい。

「不安な時に、そばに誰かいてくれるだけで、これほど心強いとは思っていませんでした。ありがとうございます」

と感謝されたのだった。

ナンバーを覚えていたことが、今度はお客様のピンチを救うことに繋がった。電話番号のことといい、いったいどういう記憶力なのか。よほどＩＱが高いのか。清水さんは言う。

「特別に私だけ頭がいいわけではないんです。仕事をしているうちに、それぞれのお客様の車種やデザイン、色、年式が頭に入っていくんです。それにナンバーが加わって。別に、特別に努力して覚えようとしているわけではありません。ただ、『お客様にとって、最適な自分でありたい』という心掛けから生まれた結果に過ぎないんです。それに、私だけでなく、アソシエイトのみんなが覚えるように努力しています。もちろん、すべてというわけにはいきませんが、一歩ずつ」

このエピソードで驚いたのは、彼女の記憶力だけではない。オフの時間にもお客様のことが頭から離れないというのだ。これは、疲れて家路に向かう途中での出来事だ。店舗だけでなく、一スタッフまでもが３６５日年中無休モードなのだ。

コンシェルジュは「わかりません」と言わない仕事

清水さんの名刺には、「コンシェルジュ・リーダー」と書かれている。

ホテルのコンシェルジュと同じ。お客様の要望には何でも応えるのが仕事だ。

「すべてのお客様からの問い合わせに答えられるようにしています」

と言い切る。そうは言っても人間だ。あくまでも表向きのウリの台詞《せりふ》ではないか。

「でも、本当にわからないときにはどうするんですか?」と訊いてみた。すると……。

「お調べします。わかるまでお調べするのです」


普段、よくある質問は、「どこどこまで旅行に出掛けるんだけど、混雑しない最短ルートはどの道だろう」などというもの。大部分の場合、自分でも調べられるのだけれど、忙しいのでコンシェルジュを秘書代わりに頼ってくださるのだ。しかし、女性や年配のお客様で、カーナビの使い方に不慣れな方もいる。そんなときには、ルートを紙に書き直して手渡して差し上げたりする。

「これから映画を観に行きたいんだけど、どこで何時から観られる?」

などと聞いてくださると嬉しくなるという。

ところが、中にはこんなユニーク(?)な問い合わせがあった。

以前、テレビで大ヒットした『家政婦のミタ』というドラマがあった。お客様か

ら、

「あのドラマで、三田さんが使っているバッグが欲しいのだけど、何とかならないかしら」

と頼まれた。「えっ⁉」と思ったが、コンシェルジュは「わかりません」とは言わない仕事だ。何とかしようと、探し始めた。

ところが、インターネットのさまざまなサイトで検索してみると、たしかに販売はされている。しかし、テレビで人気に火が点《つ》いたのか売り切れていることがわかった。ダメモトと思い、清水さんはテレビ局へ電話する。

「あのバッグが欲しいんです！　ないことは承知しておりますが、何とかなりませんでしょうか」

テレビ局には通販部門がある。そこに、なんと一つだけ在庫が残っていることが判明。急ぎ取り寄せてお客様に渡した。もちろん、大喜びされたという。

清水さんの話を聞き、すぐに思い出したのがザ・リッツ・カールトン・ホテル元日本支社長で、「人とホスピタリティ研究所」所長・高野登さんから教えていただいたエピソードだ。

ザ・リッツ・カールトン・ボストンで、オペラハウスとタイアップしてオペラの休憩時間に食事を楽しんでいただくという企画があった。ところが、オペラハウス側の手違いで、レストランが休みの日に予定を組んでしまった。お客様が何組もホテルにやってきた。クローズされ、シェフも休暇を取っているし食材もない。まったく想定外の出来事だった。

しかし、ホテルとしては「できません」と言わない方法を考えて実行した。バーの一角に急遽《きゅうきょ》、レストランのようなセッティングをして、ルームサービスのスタッフが厨房にあるすべての食材を集めて、今できる最高の料理をお出ししたという。考える時間どころか、用意する時間さえままならない。「ノー」と言わない姿勢がザ・リッツ・カールトン・ホテルなのだと言う。

もう一例、「プロが選ぶ日本のホテル・旅館100選」で34年連続年間総合1位を獲得している石川県和倉温泉の加賀屋の話を紹介しよう。

ここにも、「できません」「ありません」と言わないルールがあるという。

お客様から、さまざまなリクエストがある。宴会の途中で「この銘柄が飲みたい」とおっしゃる。常時、50以上の銘柄を揃えてはあるが、もしその中になければ、車で近くのお酒の専門店を回って探すことは珍しくないそうだ。

枕が変わると眠れないというお客様がいる。そのために、通常の枕は片側にパイマー（チューブ状の枕素材）、もう片方の面には羽毛が詰められていて、どちらか好きな向きに置いて使ってもらえるようにしてある。その他、低い枕、硬い枕、やわらかい枕、そば殻枕も用意してある。その他、男性の浴衣《ゆかた》などは身長によって12種類、横幅により4種類も用意されている。

お客様の長年の要望に「できません」と言わないことを貫いてきた証《あかし》だろう。

ザ・リッツ・カールトン・ホテルも加賀屋も宿泊業だ。「ノーと言わない」のが仕事の一部であることは納得できる。しかし、レクサス星が丘は車を売るのが仕事である。その受付業務に携わる人間が、ホテル業と同じ「コンシェルジュ」という肩書を持ち、「わかりません」とは言わないことをモットーとしているのは、レクサス星が丘のお客様に対してよほどの覚悟を持っている証なのだ。

肩書が人を育てて大きくする

そんなスーパーレディの清水さんだが、前述したようにまさしくゼロからの出発だった。そして、入社してしばらくは伸び悩んでいる状態だったという。そこで、当時の上司は担当役員に進言した。

「彼女をリーダーにしてください」

それは大抜擢だった。人事部長は「大丈夫か」と消極的。しかし、無理を押して昇格させると、瞬く間に進歩を遂げた。

「おそらく、『私はリーダーなんだから』という責任感が発奮させたのだと思います。彼女の自己啓発の努力には目を見張るものがあります。本当によく成長してくれました」

と頬を緩ませる。

そんな清水さんを取材する中で、心を打たれる言葉に出合った。

「コンシェルジュという仕事柄、私は特に担当は持っていないんです。でも、このレクサス星が丘の3500人のすべてのオーナー様が私の担当だと思って働いています。私がわからないオーナー様がいないようにしたいのです」

名言だ。なかなか言えるものではない。ビジネスパーソンには担当がある。そしてノルマがある。「会社全体のことを考えて」とは言うものの、自分のことで精一杯というのが普通だ。

いくつか紹介したエピソードのように、彼女は自分がレクサス星が丘を代表する顔なのだと考えている。そういう意識で働く者が多い会社がトップになれるのだ。

もう一つ、目標としてきた先輩たちの話に及んだ時、こんな言葉が出た。

「尊敬する人がいたとしたら、その人の歳になった時に、その人を超えていたい。その人を超える人間になろうと努力しています」

世の中には、いろいろな目標を掲げて努力する人がいる。年収1000万円、一戸建ての家を購入、役員昇格など。しかし、彼女の場合、物やお金ではない。自分自身がお客様をもてなすことを通じて、どれだけ成長できるかに集約されている。

実は、取材の最中、清水さんは急に目が赤くなったと思ったら、頬を一筋の涙が伝った。「何か傷つけるようなことを言ったのだろうか」と心配になった。しかし、それは杞憂《きゆう》だった。

インタビューに答えようと、いろいろな印象深いお客様の顔を思い浮かべているうちに、感情移入しすぎて自然に心が熱くなってしまったのだ。なんと感受性の強い人だろう。そんなスタッフにもてなされるレクサス星が丘のオーナーは幸せである。

レクサス星が丘の流儀

「お客様にとって、最適な自分でありたい」を心掛ける

第4章

すべての人に「ハグ」する気持ちで仕事をする

副マネージャーの伊藤明子《いとうあきこ》さんは平成3年、キリックスグループに入社し、8年間、同グループの創業者であり社主の山口春三さんの秘書を務めた。その後、独立して日本経営協会の講師として活躍する。マナーや秘書業務を教えていたところへ、山口さんから声がかかった。

「今度、レクサスを立ち上げるんだが、戻ってこないか」

そして開業時から精鋭部隊の一人として参加することになった。

長く秘書の仕事をしてきて身体に染みついたこと。それは、「先回り」の心掛けだという。秘書は常に黒子。表に出る社主に「恥ずかしい」思いをさせてはならない。トップの人は、ただでさえ毎日忙しいスケジュールをこなしている。よけいな気遣いをさせないのが大切。そのため、常に言われる前に「先回り、先回り」して提案して動くのだという。

例えば、お中元やお歳暮の時期になれば、

「○○様は、最近、お付き合いが深くなって参りましたので、手配をさせていただきましょうか」

と言われる前に準備してしまう。

「当たり前路線ではいけない。決まりきった形ではいけない。その向こうに何かがあると思うのです。人と同じことをしたくないという性格もあるかもしれませんね」

そんな伊藤さんの秘書スピリットは、レクサス星が丘でも大いに活かされることになる。

レクサス星が丘では、圧倒的にファミリー層のお客様が多い。開業10年ともなると、オープン当時、ご両親に付いてこられたお子さんたちも成長する。彼らの名前を覚えていて「○○さん、こんにちは」と声を掛けるのも一つ。また、昔、アイスココアがお好きだったことを思い出し、さりげなく「どうぞ」とお出しする。

「え！　覚えていてくれたの」

と驚いて喜んでくださる。本人はもちろん、ご両親はそれ以上に。

「ちょっと待てよ」とあきらめずに考える

伊藤さんのモットーは、「ちょっと待てよ」という精神だ。これをもっとも伝えやすいエピソードがある。

春うららかなある日のこと、レクサスRXのオーナー様から、「母の日のプレゼントをしたいんだけど、相談に乗ってもらえますか」と頼まれた。レクサスには、「レクサスコレクション」というオリジナルのさまざまな関連グッズがある。例えば、陶磁器やバッグ、アクセサリー、サングラス、ゴルフ用品など多岐にわたる。そんな中で、お客様が一本の折り畳みの日傘に目を留められた。

このお客様は、細部にまでこだわりを持たれる方で、この商品は納得のいくものだった。布の部分には暑さを和らげるためのセラミック粉末と、マイナスイオン効果と消臭機能を持つ備長炭の粉末を配合してある。持ち手の部分はカエデの木と牛革を使用しており、握力の弱い年配者でも使いやすいところも気に入られたようだった。

お母様の名入れ発注の段になり、腕組みをされた。

持ち手のところに、名前を印字したテープを貼ることになっている。それでは、この商品の良さが失われてしまう。

せっかくの木と革の味わいが損なわれてしまう気がする。しかし、カタログでは名入れの仕様が決められている。全国、どのレクサス店で購入しても変わらない。ここで、伊藤さんは、「ちょっと待てよ」と思った。ルールはルール。しかし、その壁を乗り越えられないかと。

そこで、製造元である福井県の「福井洋傘」へ直接、相談を持ちかけた。ルールにはそむくけれど、お客様のお母様への日頃の感謝の気持ちを代弁して伝え、「何か良い方法はないか」と頼んだ。

メーカーの人も、その熱意にほだされて特別なアイデアを出してくれた。傘の布張りの部分にお母様の名前と、さらに「祝喜寿」という言葉を刺繍《ししゅう》するのだ。少々価格は上乗せになるが、全体のデザインの調和が取れる。お客様は、「無理を聞いてくれた」ことに、ことのほか喜んでくださったという。

もう一つある。

お客様と懇意になればなるほど、「いざ」という時に頼りにしてくださるようになる。しかし、それは、お客様からの要望が高くなることに繋がる。伊藤さんは、それこそがやりがいだと言う。

レクサスSCのオーナーであるお客様から、伊藤さん指名の電話が鳴った。声の調子で、困っている様子が伝わってきた。

今、仕事で車に乗って北海道に来ているという。明日、どうしても出席しなければならない重要な会議があるので、高速を飛ばして帰るつもりでいた。ところが、本州を台風が縦断しており、道路が閉鎖されたりして難しいかもしれない。手元に入る情報も少なく、「どうしたら一番いいか相談に乗ってほしい」というものだった。

実はそんな時、レクサスにはたいへん頼りになる機能が装備されている。「G-Link」だ。このボタンを操作することで、全国どこにいてもレクサス本部にあるオーナーズデスクに電話が繋がる。

よく、銀行や保険会社のサービスセンターへ電話をかけると、「預金に関するお問い合わせは、7のボタンを」などと録音が再生され、それを何度も何度も繰り返さないと肝心の要件が解決しなくてイライラすることがある。

しかし、このオーナーズデスクは、生の人間が24時間電話に出て対応してくれるという優れもののシステムだ。事故や故障だけでなく、病気になったりケガをしてしまったりした際にも警察や消防署と連携してオーナーをヘルプしてくれる。もちろん、道路の混雑状況、はたまた、映画の上映時間やレストランの予約など、コンシェルジュの役割も果たす。

ところが、あいにくこのお客様はたまたま「G-Link」の契約が切れてしまっていた。そこで、パッと伊藤さんの顔が浮かんだというわけだ。

伊藤さんは、インターネットや電話を駆使して、知り得る限りの気象情報や道路情報を調べた。台風の状況は刻々と変化している。予想経路は不確定。よって、このまま高速道路を使って名古屋まで戻るのはリスクがあると判断した。いつ、どこで道路閉鎖になるかわからない。時間だけが過ぎていく。一刻も早くお知らせしなければならない。

そこで、いつもの「ちょっと待てよ」精神が頭をもたげた。

伊藤さんは、北海道の新千歳空港の近くにあるレンタカー屋さんに電話を入れた。知り合いでも何でもない。レンタカー屋さんでは、全国から訪れた人たちが車を借りる。ということは、全国の天候や道路情報、フライト情報が集中しているのではないかと推測したのだ。

勘は当たった。現在の状況なら、相次ぐ欠航の中でも新千歳から大阪までの便は飛んでいるという。自家用車を空港に置いておき、まず大阪まで移動。そうすれば、あとは新幹線なりレンタカーなり、いざという場合にはタクシーを使ってでも帰れる。レンタカー屋さんのアドバイスを急ぎ、お客様に伝えた。

お客様には、すぐに空港まで走ってもらい会議に間に合った。

後日、名古屋に戻ってから感謝されたことは言うまでもない。

お客様を「ハグ」することで信頼を築く

実は、社主の山口春三さんがレクサスの「理念」を「WAY ~TOPの思い」という一冊の冊子にまとめた時、伊藤さんが直に筆を執って文章に書き下ろしたのだという。それだけに、山口社主の「思い」を、伊藤さんは一番よく理解していると自負している。

その冒頭に「レクサス宣言」というものが掲げられている。

「レクサス宣言」
　私たちは世界に最高の輝きを放つ
　素晴らしい「LEXUS」を
　車だけでなくお客様のライフスタイルまでもサポートし
　お客様の「感動」を与え続ける
　「ブレイクスルーサービス」と
　お客様を「ハグ」するおもてなしの心を提供する
　「ホスピタリティサービス」で
　今までに類のない「最高の感動サービス」を目指します

　ここで**「ハグ」**という言葉に目が留まった。

「ハグ」というと、人と向き合って抱き合うことを連想する。もともとは、「相手への親しみを込めたふれあい」という意味合いがあるそうだ。

　レクサス星が丘では、お客様の期待を上回るもの、期待を超えるものを「ハグ」と捉えている。親しいお客様に、超特急で整備を仕上げるのも「ハグ」。二度目にお目にかかった時、お名前で呼ぶのも「ハグ」。お子さんの名前や年齢まで覚えているのも「ハグ」。

別に難しいことではなく、握手や笑顔での出迎えも「ハグ」だという。

お客様を単なる仕事の相手として捉えない。その一人ひとりは、自分の大切な「友人」であり、「ゲスト」なのだと。そのゲストに最大限のおもてなしをすることが「ハグ」なのだ。

伊藤さんいわく、

「社主の受け売りですが、私たちは毎日、お客様と出逢いご縁をいただいています。それは、その場限りのことではなく、自分の人生とお客様の人生とがリンクして共有しているということなのです。車という商材を間に介してはいますが、それは媒介に過ぎません。自分自身はお客様に、お客様は私たちに常に影響を与える大切な存在なのです。そういう意味で、『友人』であり『ゲスト』。だから、お客様の喜びも哀しみも一体化して自分のことと同じように考えてしまうのです」

こんな話を聞かせてくれた。

レクサスのGS、LSとそれぞれ4台も購入してくださったことのあるお客様が白血病になられてしまった。次は、オープンカーに乗るのが夢だった。治療の甲斐なく他界。ご家族はもちろんのこと、伊藤さんも哀しみに明け暮れた。

社葬では、「真っ赤なスポーツカーに乗る日を楽しみにしていました」と追悼の挨拶を読み上げられていたほど、誰もが知るところだった。

伊藤さんは、四十九日に記念の品を拵《こしら》えてお参りに出掛けた。お好きだった曲の入ったオルゴール付きの写真立てを、仏前に飾らせていただいた。そこには、購入予定だったオープンカーの写真をはめ込んで。

伊藤さんが気になっていたのは、遺された奥様のことだった。これからはさみしくなり、それを慮《おもんぱか》ると胸が苦しくなった。励ますことはできなくても、お目にかかって哀しみの時間を共有して差し上げたかったのだ。

相手の気持ちに寄り添う。哀しみを察し、故人にも遺された家族にも愛をもって接する。家族同様に。これが「ハグ」だという。

「ハグ」しつつ相手に託す

「ハグ」とは、お客様に対してだけでなく、自分と関わるすべての人とのお付き合いに共通することだという。例えば、店舗のメンテナンスを依頼している会社があるとする。一般的にはそれを「業者」と呼ぶ。そこにはちょっと見下した意識があるかもしれない。しかし、伊藤さんは、「ハグ」の精神で「友達」感覚（けっして馴《な》れ馴れしいという意味ではない）で接する。

すると、そこに信頼関係が生まれる。

ある時、正面玄関の自動ドアの具合が悪くなった。お客様に迷惑をかけることになるので、急がねばならない。建設会社へ電話をするが、すぐには行けないと言う。パッと頭に浮かんだのが、以前、似たようなことがあった時に来てくれた建設会社の下請け業者の方だった。

記憶を頼りに電話をして「困っています」と言うと飛んで来てくれた。それは、以前、修理してもらった時に、単なる業者ではなく親しみを込めて接していたからではないかと信じている。お客様と同様にお茶でねぎらい、仕事だけでなくたくさんの楽しい話を交わした。相手は、その時のことをはっきりと覚えていてくれたという。

「たしか、あれはジャイアンツが優勝を決めた日でしたよね」

と言われ、伊藤さんは嬉しくなったという。お客様も業者もない。自分と関わるすべての人に「ハグ」する。心に垣根がないことで、困った時には助け合えるのだ。

また、「ハグ」は信頼であり、相手に託すことで活かされると言う。

ある時、納車式を済まされたばかりのお客様が、「今日は家内の誕生日でね。これから、この車で旅行に行くんです」とおっしゃった。

「お気をつけていってらっしゃいませ」

と見送る。しかし、そこから、伊藤さんの仕事が始まる。ナビに登録した目的地のホテルを、さりげなくチラッと見ていた。それは静岡県の浜松のホテルだった。早速、電話をかける。

事情を説明し、何時間後かに到着されるお客様のために、何かお祝いのプレゼントを差し上げたいと相談する。特にそのホテルに知り合いがいるわけではない。同じ、おもてなしの仕事に携わる者同士として、最初から信頼して臨むのだという。

花がいいだろうか、それともワイン……などと提案していただく。その中に「今治タオル」のハンカチーフがあると聞き、「それにしてください」と決めた。「色は……デザインは……」と聞かれたが、お客様の年齢や趣味、ライフスタイルなどをお知らせした上で「あとはお任せしますので、よろしくお願いいたします」と言った。

すると、先方の担当者はたいへん喜んでくれた。

「お任せください!」

任せてもらった喜びが、電話の向こうから伝わってきた。

「では、請求書をレクサス星が丘までお願いします」

一度も会ったことのない相手でも、「ハグ」は成立するという。

さらに、「ハグ」は、同じ職場で働くスタッフ同士にも発揮される。

どこの組織にもあるのが、セクショナリズムだ。部署ごとに縄張り意識が働き、会社全体の非効率の原因にもなっている。レクサス星が丘では、おおまかに3つのセクションがある。接客のアソシエイト、営業のセールス、整備のテクニカルだ。自分がわからないことには、なかなか口を出せないもの。何か言って、人間関係が壊れてしまうのを恐れることもある。

しかし、伊藤さんは、遠慮なく「ハグ」する。

ある時、セールスの一人が、クレームのお客様に詫び状を認《したた》めることになった。相手は大企業の社長だ。秘書の経験のある伊藤さんにとって、手紙はもっとも得意とするところだ。頼まれたわけではないが、「ちょっと見せていただけますか」と下書きを読んだ。最近の若い人は、なかなか手紙を書く機会がない。とても、合格とは呼べない文面だった。

言葉遣いはともかく、誠意が込められていなかった。大切なのは、気持ちが伝わるかどうかということ。

「もし、私が社長だったら、あなたから車は買わないわ」

「えっ！　そんなキツイことを言ったんですか？」

と訊くと、笑顔で答えられた。

「それが言える社内の雰囲気が作られているんです。セールスもわかってくれて書き直してくれました」

「ハグ」は友達。「ハグ」は信頼関係。「ハグ」の思いやりの心は、すべてを包み込む。

ギリギリのところでの、さりげない「おもてなし」

とはいうものの、「お客様の心の負担にならない範囲」で「相手の心に残る」ということが大切だと言う。

よく、人気の一流ホテルなどで、サプライズのサービスが話題になる。たしかに感動する。しかし、それをそのままレクサス星が丘に当てはめるわけにはいかない。なぜなら、レクサス星が丘のお客様は事業や人生の「成功者」であり、すべてのことについて接客をするスタッフより数段も格上の人。そのお客様に対して、「過ぎる」ということをすると、心に負担をかけるどころか、反対にお客様の方からこちらに気遣いをさせてしまうからだという。

「こんなにまでしてくれて、どうもありがとう」

と感謝されたとする。しかし、本当はどう思っておられるかわからない。いわゆる「おせっかい」や「有難迷惑《ありがためいわく》」かもしれないが、レクサス星が丘のお客様は、そんな本意はけっして口にしない。逆に、

「ああ、若い人たちが、私のために気遣ってくれているな。ここは喜んでいる気持ちを伝えなくては」

と、反対に気遣ってくださることもある。

伊藤さんは言う。

「本当に難しいのです。だから、いつもギリギリのところでのさりげない『おもてなし』を追求し続けているのです。スキルをもっと高めなくてはと思います」

「おもてなし」に完璧も完成もないのである。

お客様は、自分の大切な「友人」であり「ゲスト」である

第5章

イノベーションは小さな気遣いから生まれる

「特別に何かすることは苦手」と言うトップセールスマン

八色飛鳥《やいろあすか》さんは、入社以来セールス一筋で12年が経った。まだ3年目の時に、トップの成績を買われてレクサス星が丘の開設準備室に配属された。

そばにいても、「やり手」の営業マンの多くが発するエネルギーや自信のようなものを感じさせない。ただただ、真面目さが伝わってくるという人柄だ。会話をしていて楽しくはあるが、けっして饒舌《じょうぜつ》というわけではない。

「この人がどうやってトップセールスマンになったのだろうか?」と興味が湧いてきた。

例えば、一流ホテルに勤めるホテルマンの多くは若くて給料もまだ少ない。旅行に出掛けても一流ホテルに泊まるわけではない。しかし、一流ホテルの宿泊客たちは、おそらく、旅行に出掛ける時には、ファーストクラスやグリーン車に乗り、最高級ホテルのスイートに泊まる。一流の「おもてなし」を受けることに慣れている人たちだ。それが、どうして普通の生活をしているホテルマンが、一流の人たちに満足するサービスを提供することができるのか。

八色さんは、

「その通りだと思います。正直なところ、お金持ちの方々の生活はわかりません。日々、こうした仕事をさせていただいているおかげで、お目にかかれるのだと承知しています。そのおかげで、自分の成長にも繋がるのです」

と言う。それはどういうことかというと……。

「社会的にステータスのあるお客様の満足度というのは、必ずしも『お金』には比例していないと考えています。ほんの些細《ささい》なことに気づいて差し上げ、気遣い・気配りをする。たった、それだけのことで喜んでいただけるのです」

七十代の女性にレクサスCTを購入していただいた時のことだそうだ。

高齢だが、背筋がピンとしていて運転もお上手で、長くベンツを愛用しておられた。しかし、成約いただくまでの段階でパンフレットをご覧になる度に目を近づけたり遠ざけたりされるのが気にかかった。

その時、自分の祖父母がこんなことを言っていたのを思い出した。

「文字が小さいのも困るけど、世の中何でもかんでも英語になっちゃってわからないね」

「エアコンのボタンなんかもＯＮとかＯＦＦとかじゃなくて、『入る』『切る』って表示してほしいわ」

八色さんは、即座に思いついて作業を始めた。文房具店で白いシールを買ってきて、マジックでちょっと大きめの文字で書き入れた。そして、「ＡＣ」のボタンの上に「エアコン」、「ＡＭ・ＦＭ」のボタンの上には「ラジオ」と貼った。その他、「窓を開く」「窓を閉じる」「目的地の設定」など10カ所以上も。

これにはたいへん感激された。そして、そのお客様はすっかり八色さんのファンになってしまった。実は八色さん自身、「こんなことで喜んでいただけるなんて」と驚いた。それは、セールスの他の仲間にも広がっていった。こんな時、「お客様のおかげで自分が成長できた」ことを感じるのだと言う。そして、これこそが、社会的に地位のあるお客様に対する「おもてなし」の心なのだとも。

もう一つ、八色さんの「気遣い」から生まれたアイデアを紹介しよう。

パソコンや携帯電話などの通信機器だけでなく、家電品一つ買っても分厚い取扱説明書が付いてくる。おそらく、全部読んでから使う人はほとんどいないだろう。かといって、読まなければ使えない。DVDデッキだとすると、「とりあえず録画予約のところだけでも」目を通したりする。

車もしかり。年配のお客様に限らず、分厚い取扱説明書を読むのが面倒だというお客様が実に多い。納車する際にも、「忙しいから、これとこれだけ説明してよ」と言われることもある。

そこで、八色さんは手作りの「簡易マニュアル」を作成して、お客様に渡すことにした。車の内部のパネル表示などは、本物の取扱説明書やパンフレットから写真やイラストの一部をチョキチョキと切り取って紙に貼る。その横に、自分でワープロで書いた「超簡単」な説明書きを入れた。ここで八色さんは専門用語が多いことに気づく。「シフト変更」とあっても、わからない人もいる。そこで「ギア」と書き換えたら喜んでいただけた。ほんの数ページのペラペラのものだ。

しかし、かえってこの薄さがことのほか喜んでいただけた。またまた、八色さんのファンが生まれた。あまりにも評判を呼んだので、現在では店全体ですべての車種に対応できる「簡易マニュアル」を作成するようになったという。ただし、今は「切り貼り」ではなくパソコンで「見やすく」をモットーにレベルアップして制作している。

八色さんは、毎月平均で10台のレクサスを販売するトップセールスマンだ。ネッツ店だけでなく、他のトヨタのチャンネルでも年間100台売ったら優秀だと言われている。150台売ればトップクラスになれる。しかし、それはカローラやプリウスの話だ。レクサスを1台売るのは価格でカローラの3～4台分になる。

本章の冒頭でも述べたが、八色さんは特別な才能の持ち主ではない。

多くの経営者やマネージャーの悩みは、「どうしたら人を育てられるか」にある。本当に「デキる」セールスマンは一握りだ。もしずば抜けた成績を上げていたら、今すぐにでもヘッドハントされてしまうだろう。

問題は、いかに「普通」の社員がやる気になり、才能を伸ばしてくれるかにある。

ここで、本章のテーマだ。八色さんは「大きな」ことはしていない。自身も、

「特別に大きなことをして、お客様を引きつけるというようなことは苦手なんです」と言っている。しかし、いつもお客様に「小さな気遣い」を怠《おこた》らない。それがコロンブスの卵のような発想に繋がる。誰もやっていなかったけれど、とても便利というアイデアを生む。すると、誰もが真似できるので、スタッフ全体に広がる。

一スタッフの「小さなこと」からイノベーションが起きるのだ。

「その人にしかできないこと」では、その人がいなくなったら売上も元に戻ってしまう。誰もができるけれど、「やっていなかったこと」に一人ひとりのスタッフが気づいて、会社全体に広げていくことが重要なのだ。

ここで一つ、八色さんにお詫びをしたい。まるで、どこにでもいる普通の人のように紹介した。しかし、実は誰にも真似できないような、ものすごく大きな才能がある。それは、「笑顔」だ。

取材に応じてくださる間、ずっと笑顔で居続けておられた。初めのうちは、意識して笑顔を作っているのかと思っていたが、どうやら違う。元々が笑顔なのか、それとも笑顔にしようと意識しているうちに笑顔のまま固まってしまったのか。

ふと思い出したのが、ＡＫＢ48の話だ。メンバーの一人がテレビのバラエティ番組でこんなことを言っていた。

「握手会を終えて家に帰ってくると、顔が元に戻らないんです。7時間ずっと微笑んでいるので、頬骨筋が固まってしまうんです」

ＡＫＢ48といえば、総選挙で知られるようにメンバー内での順位次第でタレントとしての運命が決まるといってもいい。彼女たちにとっては毎日が戦いなのだ。そのためには、一人でも多くの自分のファンを作らなければならない。その一つが握手会であり、その強い競争意識、プロ意識が「笑顔」となって現れるわけだ。

八色さん自身も、「昔から言われます。いつも笑っているので、『何がそんなに楽しいのか？』と。これが私のウリだとも思っています。笑っていると、ポジティブになれます。ポジティブになれると、ちょっとお疲れのお客様にもエネルギーを分けて差し上げることができるのです」。

警備員の早川さんの「お辞儀」、アソシエイトの清水さんの「電話番号の暗記」、そして八色さんの「笑顔」と、すべて無料（タダ）だ。無料なのに、ほとんどの人がしていない。レクサス星が丘は、極めて高いＣＳ評価があるが、それは、「誰にも真似できるけれど、ほとんどの人がやっていないこと」を実践しているだけであることに気づかされる。

「売ろうとしない」セールスマン

伊藤友一さんは整備士になるための短期大学を卒業後、ネッツトヨタ東名古屋に入社し、12年間ずっとテクニカル（整備）の仕事をしていた。そして、つい一年前にセールスへと異動を命じられた。

なぜ異動になったのか。その理由は、お客様の車のことを一番に理解しているのは誰かと考えた時、実際に整備に携わっている人間だという話になったからだった。伊藤さんはその時、レクサス星が丘では工場長のポストにあり、それがかえって適任だと判断されたのだ。

しかし、苦労の連続だった。前任から担当を引き継いだお客様と話をするのも初めて、顔さえ目にしたことがない。セールスをしたことがないので、会話にも自信がない。

そこで、まずはお客様の話に耳を傾けることにした。

「最近、お車の調子はいかがでしょうか？」

と訊く。

「何か変な音がするみたいなんです」

と言われた場合、普通のセールスだとそのままテクニカルに繋いで診てもらう。伊藤さんの場合は、ここで深く突っ込んで「どんな時に音が聞こえるのか」を思い出してもらう。走り始めた時とか、高速道路を走っている時とか。「音」というのは車の故障の手掛かりを知る上で重要なセンサーになる。整備出身ゆえに、わざわざ預かって工場で点検しなくても解決できてしまうことがある。

例えば、以前、レクサスＩＳの中に「Ｆ」というスポーツモデルがあった。走りを重視した車なので、ブレーキをかけた時に強い摩擦熱が生じる。すると、それが原因となって振動で音がする。レーシングカーでも同様だが、ある程度ブレーキが温まっていない状態、例えば気温の低い日には音が鳴りやすくなる。セルシオやクラウンに長く乗っていたお客様は、初めての経験なので不安になってしまうらしい。

そんな時、伊藤さんが以上のような理由を説明すると、その場で安心していただける。それだけではなく、スポーツタイプのレクサスのオーナーには、こちらから先回りして説明をする。

その他にも、室内に嫌な臭いがするとか、ドアの閉まりが悪いとかの訴えがあると、整備の経験から即座に直してしまえることもある。

そういうお付き合いが信頼を生み、「少しでも何かあったら、伊藤さんに相談しよう」というファンが増えていった。

また、セールスが不得手がゆえに、お客様の声に耳を傾けることに徹した。それは、お客様の立場に立って考えるということに繋がっていく。

お客様に「車のどんな性能を求めているか」を尋ねた時、「コーナリングがいい車」とか「加速性能が優れている車」などという答えが返ってきたとしよう。もちろん、それらの点では共に、レクサスも自信を持っている。

しかし、すぐに答えは出さない。そんな時には、実際にライバル車であるBMWやベンツとレクサスを乗り比べていただく。そして、整備の長い経験から、それぞれの微妙な特性を説明する。その上で、個人の感性として「BMWの方が加速が好きだなあ」「ベンツのボディ剛性が気に入ったよ」というお客様には、それ以上、無理にレクサスを勧めたりはしない。あくまでも、お客様の「感性」を尊重することを優先させる。

伊藤さんは、お客様の要望に応えるのが自分の仕事だと思っているそうだ。

筆者の友人である株式会社エム&プラス代表取締役の森令子さんのことを思い出した。イタリアの高級ブランド「フェラガモ」を世界一売ったことで知られる女性だ。高島屋の売場に勤務していたある日のこと。森さんの元に、お客様からこんな電話があった。

「今度パーティがあるんだけど、ドレスを見繕っておいて」

そんなとき、森さんは百貨店内の他のブランドの店に行き、そのお客様に最も似合うドレスを探すのだという。もちろん、フェラガモにもフォーマルドレスはあるが、数が少ない。自分が勧めれば買っていただけることは間違いない。でも、せっかく買いに来られたお客様にベストを尽くしたいという思いからの行動だ。

そのために、日頃から、ライバル店もぐるぐる回り、各店の店長さんとも仲良くなり他社の商品知識を仕入れておく。それがお客様の厚い信頼を得ることに繋がり、日本の皇室の方々やタイ王国、ブルネイ王国の要人の担当も務めていた。

一見、自分には損に思えても、「お客様のため」にライバルの商品を勧める。目先の利益ばかりを追いかけていてはけっしてできないことだ。

売ろうとせず、お客様のことを一番に考える。

それが知らず知らずのうちに、伊藤さんへのお客様の信頼を生み、紹介のお客様が増えていったという。

実は、このテーマは、「あとがき」で今一度、社主の山口春三さんのエピソードを交えて登場するので、記憶の片隅に留めておいていただけたら幸いだ。

「飛び込み修理ウエルカム！」という整備のプロフェッショナル

菅正人《すがまさと》さんの名刺には、「テクニカルアドバイザー」と書かれてある。

聞き慣れない肩書だが、一言で説明すると、「飛び込み専門」修理の相談窓口だ。菅さんは18年間、整備一筋で働いてきて、工場のマネージャーを務めていた。ところが、レクサスのオーナーはもちろん、一般のお客様からの修理の依頼が増えすぎたため、手一杯になってしまった。そこで、修理を希望されるお客様がいらっしゃった場合、すべてを統括して相談に応じる専属のスタッフが欲しいと会社に要望した。

その結果、自分がその役に指名されてしまったという。

基本的に菅さんは実際の修理の仕事はしない。着慣れたツナギの作業服からスーツにネクタイという格好に変わった。

レクサス星が丘には、飛び込みで事故や故障、不具合の相談が次々と持ち込まれる。それまではセールスやアソシエイトがお客様から一旦話を伺い、テクニカル（整備）に繋いでいた。菅さんがテクニカルアドバイザーになってからは、直接、お客様から話を伺い、その場で即座に方向性を判断してテクニカルスタッフに指示を出すことが可能になった。簡単なことは、整備のプロとしてスーツのまま自分で直してしまう場合もある。

菅さんの主要な仕事は、過密で大渋滞を起こしている工場のスケジュールの中で、交通整理をして速やかに修理や点検を終え、いかにお客様に満足していただけるかを調整することにある。

一般の販売店では、点検も修理も予約のお客様が優先になる。飛び込みで「どうもエンジンの調子がおかしい」と突然に来店されても、「予約でいっぱいなので、早くても明日の午後になります」という返事をせざるをえないのが現実だ。

しかし、レクサス星が丘では、飛び込みの修理の依頼を大切にしている。それは、レクサス星が丘のオーナー以外の、一般のお客様の修理も含めての話だ。その中には、当然、他社の車やベンツやBMW、軽自動車もある。もちろん、このことはレクサス星が丘のオーナーの車を後回しにするという意味ではない。オーナーを大切にするのはもちろんだが、だからといって一般のお客様を断ってしまったり、「明日なら……」と答えることは絶対に（！）ないということだ。

事故やトラブルは、予期せぬ形で訪れるものだ。車が動かなければ仕事や買い物ができなくなり困ってしまう。ライト一つ点かなくても不安になる。そんなお客様の気持ちに立ち、「即座」に直して差し上げたいという発想が、「飛び込み修理ウエルカム！」というサービス体制を生んだ。

菅さんに素朴な疑問をぶつけてみた。

「いつも待機している遊軍スタッフがいるのですか？」

以前は、たしかに「飛び込み専門」のフリーのスタッフを配置していたという。ところが、その後、さらに修理のお客様が増えてしまい、フリーなのに予約で満杯になり再び人員に余裕がなくなってしまった。

そこで、テクニカルスタッフたちは、チームとして「時間」を作り出す工夫をした。スタッフは全員で8名。交代で休むので通常は6名体制で働いている。その6名が、おのおの1台ずつ担当して点検や修理を行っている。

たった今、飛び込みの修理の依頼があったとする。まず、予約のお客様の順番を後にできないかと考える。朝、点検や車検整備のために入庫し、「午後5時に取りに来ます」というお客様がいれば、飛び込みの車を優先して先に修理してしまう。

しかし、これが難しい場合もある。そんなときには、予約で点検や車検整備をして

LEXUS

いる2、3名のスタッフが一旦、その車を離れて飛び込み修理の車を一気に片づけてしまう。しかし、これも、いつもできるわけではない。それほど、日常のスケジュールは飽和状態になっている。

そこで、6名のスタッフが一丸となって「小さな時間」を作る努力をするのだという。

車検整備、点検、修理と、さまざまな予約には、おおよその持ち時間が与えられている。もし、60分かかると予測してスケジュールが組まれていたとしたら、45分で完了できるように努力する。それが3台、4台分になれば、飛び込み修理に応じる時間を生み出すことができるのだ。

これらの3つの方法を組み合わせながら、不可能を可能にする。

菅さんは言う。

「飛び込みのお客様は、本当に切羽詰《せっぱつ》まっていらっしゃるのです。何とかして差し上げたいのです。以前は、『少し時間がかかります』などと遠回しに難しいというニュアンスを伝えていたこともありました。でも、今は、『わかりました！』とお答えできます」

実は、「飛び込み修理ウエルカム！」が実現できたのには、もう一つ理由がある。レクサス星が丘には、経験年数が長い熟練スタッフが揃っていることだ。一人ひとりの資質、能力が高いので、普通なら一時間かかるところを、より短い時間で終わらせることができる。

「その点は、たいへん恵まれていると思います。さらに時間を作り出せないかと、工夫を続けています。一つは、『事前準備』を充分に行うようにして翌日に備える体制づくりです。例えば、車検整備の際に代車が必要であれば、前日のうちに代車の洗車から給油までを済ませておくのです。たったそれだけのことかもしれませんが、以前はなかなかできませんでした。当日、バタバタして準備するので、時間に追われて一日が過ぎるという悪循環を生んでいました」

飛び込みの仕事やトラブルは、どの会社にもある。経営者やマネージャーにとっては悩ましい問題だ。組織には、必ずセクショナリズムが存在する。また、個人には「少しでも自分の仕事は少なくしたい」という意識が強い。「飛び込み修理ウエルカム！」と言いたくても、簡単にはできないだろう。他部署も含めての協力体制が必要になる。

なぜ、レクサス星が丘はそれを実現できたのだろうか。答えは明解だ。

「お客様に喜んでいただきたい」

そのために何ができるのか、というスタッフ全員の意識が一つにまとまっているからだ。

一度、歯車が良い方へ回り出すと加速度がつく。

修理・点検などの入庫台数（台）	平成23年度	平成24年度	平成25年度
	10385	10789	13507

「レクサス星が丘では、すぐに修理をしてくれる」「レクサス星が丘なら、何とかしてくれる」という噂が噂を呼び、さらに飛び込み修理が増えている。工夫も限界に達したため、レクサス星が丘では、第二工場を建設・稼働させ、さらなるイノベーションをはかろうとしている。

レクサス星が丘の流儀

「笑顔」でいると
ポジティブになれる。
「笑顔」でいると、
お客様にもエネルギーを分けて
差し上げることができる

第6章

サービスとは、先に「心」ありき

ここまで、警備員の早川正延さん、アソシエイトの清水香合さん、セールスの八色飛鳥さんらのホスピタリティあふれる「おもてなし」のエピソードを紹介してきた。いずれも取材時に、「ほろり」とさせられるものばかりだった。こんな「おもてなし」をされたら、「この人から買いたい！」と思ってしまう。

マーケティングの世界では、よく「物を売らずに人を売れ」と言われるが、まさしく個々のスタッフがお客様から愛された結果であることは間違いない。

では、それは、どのように育てられたものなのだろう。ナンバーワンを目指すビジネスパーソンや経営者なら、その人材教育のノウハウを知りたいところだ。

本章では、レクサス星が丘のスタッフの指導方法について解き明かしていきたい。

三重にも及ぶ「理念」「マニュアル」

ディズニーランドでは、職種ごとに膨大なマニュアルのファイルが存在すると言われている。大勢のキャスト（スタッフ）が、最高の「おもてなし」ができるのも、このマニュアルがあってのことだ。

例えば、ディズニーランドに家族連れで訪れたとき、カストーディアルキャストと呼ばれる清掃スタッフに、「写真をお撮りしましょう」と声を掛けられたり、道案内をしてもらったことがあるはずだ。誰もが「なんて親切な」と感動する。しかし、それもマニュアルで決められていることであり、興ざめかもしれないが彼らの仕事の一つに過ぎないのだ。

あるとき、ある人には写真を撮ってあげて、別の人には声を掛けない。それでは、たまたま「してもらえなかった人」からのクレームになる。

人に感動を提供するにも、マニュアルが必要なのだ。

さて、レクサス星が丘の話である。

ディズニーランドのキャストたちのように、感動させるためのマニュアルがあるのではないかと考えた。「社外秘ですが……」と断られつつも、すべてのマニュアルを見せていただいた。それは組織単位で3通りのものが存在した。

まず、大本になるのが、トヨタ自動車のレクサス営業部が制作したマニュアルだ。

スタッフの身に着けるネクタイやシャツ、スーツの色や柄などを指定する「ドレスコード」。さらにメイクやヘアスタイル、アクセサリーやネイルについて写真入りで解説した「レクサス　メイクアップ／ヘアスタイル　ガイトライン」なるマニュアルもある。

そして、「おもてなし」を具現化するために、小笠原流礼法に基づいた「こころとカタ」というタイトルのテキストで接客の心構えを指導している。

これらは序の口。次の段階に来るのが、レクサス星が丘が属するキリックスグループ全体の理念をまとめた「キリックスWay（〜キリックスカレッジ教本）」だ。これは、ネッツトヨタ東名古屋やキリックスリースなど、グループ全社員の研修に用いられるもので、「経営理念」や「創業精神」から始まり、人づくり、価値づくりの方法について大局的なものの考え方が説かれている。

例えば、若い社員向けへの「自分を変える」という項目では、「見えない事こそきちんとする」「自分を変えるには客観的に自分を見よ」「複眼思考する」などが掲げられている。

役員やマネージャーだけでなく、全スタッフに経営構想や損益分岐点、経営指数など「経営計画の考え方」をも説明している。

これらを踏まえて、さらにその上に、「レクサス星が丘」に特化した「理念」「マニュアル」が4冊も作られている。創業者で社主の山口春三さんが作られた「レクサス星が丘WAY（第一部・姿勢　第二部・行動　第三部・心）」と、専務取締役の山口峰伺さんが作られた「レクサス星が丘　仕事の流儀」だ。

この細かさは、先のレクサス営業部や「キリックスWay」の比ではない。

その一つ、レクサス星が丘の小笠原流礼法に基づく呈茶の作法を紹介しよう。

【準備・セッティング】
① 運ぶときは粗相したときの対応のため、お盆に常に純白のフキンを備え呈茶する。
② お茶碗と茶托は別にした方が、こぼれたときに対応しやすい。
③ 日本茶の場合、柄が華やかな方をお客様に向ける。
④ フレッシュ、ストローなど文字が書いてあるものは、お客様が読めるように正面に向ける。

【出し方】

①仮置き（お盆を置く）して両手出しに努める。

②上座の方から順番に、そして、お客様の下座側から呈茶する。テーブルがカタログでふさがっているときや、セールスがお客様と話をしているときなどは臨機応変に変えてもよい。

③低いテーブル&椅子の場合……ひざまずいて出す。できる限り、お盆を脇に仮置きして両手で出す。

④それ以外のテーブル&椅子の場合……仮置きする場合があれば仮置きして出してもよい。広いテーブルの場合は、自社側の隅に仮置きしてよい。

【呈茶の順序】

①上座から順に出す。

②レディーファースト。

③30分ごとに、お飲み物を取り替える。

④「いらない」と言われた方には、一言添えて「お茶」を出す。

⑤お客様がお帰りになったら、セールスの方からも呈茶下げの連絡を総合受付

へ。

一事が万事。来店客のお出迎えの方法、会話の仕方、車の試乗の際の注意なども、呈茶の作法と同じようにマニュアルで決められている。

フランチャイズだけでなく、組織が大きくなればなるほど、サービスが平準化するためにマニュアルは重要になる。それだけではない、自分で物事を考えて行動するのが苦手な、いわゆる「指示待ち族」が増えたことも背景にある。

ここで疑問が生じた。

たしかにレクサス星が丘のマニュアルは、「これでもか」というほど細部にまでわたっている。しかし、マニュアルはしょせんマニュアルだ。実践できて初めてそれが生きる。

前章までいくつもの「おもてなし」の感動エピソードを紹介したが、それらはどれも具体的な例としてマニュアルに書かれているわけではない。

では、レクサス星が丘が「キング・オブ・レクサス」と呼ばれ、全国ナンバーワン店舗になるほどの優秀なスタッフは、いかにして育ったのだろうか。ただ、膨大なマニュアルを徹底して覚えただけでないことは明らかだ。そんなことで、目の前を通るレクサスにお辞儀をしたり、女性のお客様のストッキングをさりげなく買いに行かせたりという行動には簡単に結びつかないはずだ。

その根底にあるものは何か。おのおののスタッフにストレートに尋ねてみた。

「どうして、お客様に、そこまでのサービスをするのですか?」

「研修で、『○○しなさい』と指導されたのですか?」

「上司に言われて、やっているのですか?」

残念ながら、その答えはぼんやりとして釈然としないものだった。

「お客様に喜んでいただきたくて」

とか、

「それが普通だと思うのですが」

という謙虚ともとれる模範的な答えばかりが続く。

筆者はよく、顧客満足度(CS)の高い企業の取材をする。同じような質問をすると、やはり同様の答えが返ってくる。だがそれはデキる社員に共通することなのだ。

マニュアルという一本のラインがあって、そのラインの「ここまでやる」のが目標ではなく、「ここから何ができるか」を常に考えているのだ。

「ここから何ができるか」を考え、上司に相談することなく実践してしまうことが常に「当たり前」になってしまっているので、それを特別なことと認識しなくなっている。だから、いくら深掘りして「そこまでのサービスをするモチベーションの理由」を取材しようとしても、「不思議なことを訊く人だなあ」と首を傾げられてしまうのだ。

取材は、一つの壁に当たった。

マニュアルはいらない!?

ところが、である。

思わぬ話の展開から、その答えが明らかになった。

数多のマニュアルを否定しかねないような、とんでもない言葉に驚かされることになったのだ。

レクサス星が丘アソシエイト担当部長の松原千恵子さんが、初めてレクサス星が丘を訪れたのは、開業して丸3年が経ったときのことだった。それまで、松原さんは銀座和光の名古屋支店長を務めていた。銀座和光といえば、時計、アクセサリー、バッグなどの高級品を扱う有名人御用達の店。その本店の屋上にそびえる大時計は、誰もが知る銀座の象徴だ。

松原さんは、専務取締役（当時・常務）の山口峰伺さんに連れられて、レクサス星が丘にやってきた。後になって知ったことだが、社内では、ある噂が広まっていたという。

「今度、何やら厳しいマナー研修の先生がやってくるらしいよ」

「なんでも、和光で30年もトップだった人みたい」

「ちょっと怖いね」

たしかに、松原さんが依頼されていたのは、スタッフの接客を中心とした教育だった。その当時の肩書は、「店舗指導マネージャー」。店の閉店後に、会議室で「言葉遣い」や「立ち居振る舞い」について「銀座和光」流の「おもてなし」を指南することだった。

応接に通されると、一人のアソシエイト（女性の接客スタッフ）がお茶を持って入ってきた。

脇から、松原さんの前に茶托付きの湯飲み茶碗が置かれた。その手は、カタカタと震えていたという。噂のせいで、「ちょっと怖いね」などと思われていたのだから、緊張するのも仕方がないかもしれない。呈茶の仕方一つが、ひょっとすると「試験」のように受け取られてしまったのかもしれない。「叱られないように……」という気持ちが、指先を震えさせたのか。

しかし、松原さんは、手が震えていたこと以上に大切なことが「足りない」と感じ取ったという。

「あの時、彼女の仕草からは『マニュアル通りに間違わないようにしよう』という意識ばかりが先行し、形ばかりのもてなししか伝わってこなかったのです。一言でいうと、『ぎこちない』んですね」

松原さんは、せっかくお茶をごちそうしてくださるにもかかわらず、息が詰まりそうで一言もしゃべることができず疲れてしまったそうだ。それでは、せっかくの呈茶も意味を成さない。

（入社したてなのかもしれない……それなら仕方がないか）

ところが、後で聞くと、その彼女は新人ではなかった。それ以前は、キリックスグループのネッツトヨタ東名古屋の店舗で接客の仕事に就いていたという。トップクラスの接遇ができるということで、レクサス星が丘オープンに伴い集結された精鋭スタッフのうちの一人だった。にもかかわらず……。まさしく、そのデキるスタッフが、「できていない」ことに驚いてしまった。

と同時に、「これはたいへんな任務を仰せつかったな」と思った。

その彼女は、前出の「呈茶の作法マニュアル」を忠実に実践しようとしたのだった。

たしかにマニュアルは大切である。しかし、あまりにも決まり事が多く、「マニュアルを間違えないように」という意識が強すぎて、何のためにお茶をお出しするのかという「心」が見えなくなってしまっていることに松原さんは気づいた。

「ここは、茶室でも何でもないのです。ましてや茶道のお稽古でもない。作法を間違えないように注意するよりも、心を込めて『ご来店ありがとうございます。どうぞお茶をお召し上がりください』と言い、サッとお出しして辞去するだけで充分なんです」

それが、あまりにも「型」を重視していることで、そばにいて「どうかこの子が失敗しませんように」などと祈ってしまい、こちらまで緊張してしまったという。こんな状態で、お客様に喜んでいただけるわけがない。

「基本の『型』を知ることは大切です。すべては、その上にあります。でも、あくまでもおもてなしはスマートで自然に、というのが一番なのです。『型』を重んじるがため、マニュアルを徹底しようとして、本末転倒の事態になっていたのです」

そこで、アソシエイトやセールスのスタッフに、このような苦言を呈した。

「お客様を思う気持ちが大切なんですよ。マニュアルよりも『心』が先なんです」

と。心がこもっていないサービスは、いくら「型」ができていても伝わらない。かえって、相手との心の距離を作ってしまいかねない。「マニュアルはいらない」とまでは言わないけれど、「お客様を思う心」があれば、知らぬ間にそれが自然と一番良い形となってお客様の目の前で行動に移せるのだと。

「感情」が足りない

こんなエピソードも聞かせていただいた。

あるとき、新人セールスの若い男性が松原さんに質問してきた。何やら悩みを抱えているらしい。

「僕に足りないものは何でしょうか？」

あまりにもストレートな質問であったが、社内の宴席ということもあり、正直に伝える方が彼のためになると思い、こんなふうに答えた。

「あなたに足りないものはね……感情よ」

何ともドキリとするではないか。「感情が足りない」などと言われたら、「冷たいやつ」と人間性そのものを否定されているような気になってしまう。その後で、松原さんは、その意図を諭《さと》すように説明した。

「あなたがお客様に接する様子をいつも見させていただいています。大きな間違いがあるわけではありません。マニュアル通りにきちんとできていますね。でも、あなたの口にする『ありがとうございます』からは、気持ちが伝わってこないのです。そばにいて耳を傾けている私がそう思うくらいですから、お客様はなおさらでしょう。お客様は、普通の買い物をされているのではありません。600万、700万、中には1500万円を超える最高級車レクサスを買われる人もいらっしゃいます。口に出してはおっしゃいませんが、その心のどこかに『高い買い物をしている』という気持ちが秘められているのです。心底、あふれるような感情を込めて『ありがとうございます』と言わなければ伝わりませんよ」

それには、どうしたらよいのか。

まずは、セールスの仕事をしている者として、「買ってくださり、本当に嬉しい！」という気持ちを込める。さらに、その喜びを「これからは、私がお客様の車のサポート、いやプロテクトを生涯させていただきます！」という熱い想いを、「ありがとうございます」という一言に込めることだという。

若い人たちは、ついつい「スマートに仕事をしよう」と思いがちなんですね。成約すると、「納車は○月○日になります。その後は……」などと淡々とスケジュールを説明する。それではとうてい物足りない。

熱い気持ちを込めると、自然に単なる「ありがとうございます」の他にも、「どうしたらこの気持ちを伝えられるだろうか」という言葉があふれ出してくるもの。例えば、「私が担当させていただけたことに本当に感謝申し上げます」「私も喜んでいただけて、ものすごく嬉しいです」などと。

それは言葉だけでなく、声のトーンにも影響する。まさに、歌と同じ。プロの歌手は、一曲に感情を込める表現力に長《た》けている。

気持ちを込めると表現力が高まるというのだ。

松原さんは、さらに言う。

「レクサスという商品は、たしかにスマートさ、先鋭的、先進的であることがウリです。でも、セールスをする者はスマートである必要はないと思っています。もっと泥臭くてもいい。人間的であっていい。それこそが、自分の魅力をお客様に伝え、心を開いていただけることに繋がるのです」

人間的であることから出る一言……「お似合いですね」

「人間的である」ということは、どういうことか。

例えば、女性のお客様が車を見に来られた場合、性能や品質について説明しても心は伝わらないという。レクサス星が丘では、呈茶などの「おもてなし」だけでなく、セールストークについても「型通り」になってしまっていたという。

多くの女性は、車を色やスタイルで決める傾向がある。松原さん自身もその一人。相手の気持ちになって、言葉を発することが大切になる。例えば、車の前に立たれた際に、

「ああ、お似合いですね～」

「ステキです！」

と感情を込めて褒《ほ》める。車だと思うから、そういう言葉が出てこないのだ。女性がブランドショップで洋服やアクセサリーを買うシーンを思い浮かべて、「お似合いですよ」と言う。

もしも普段、モノトーンの洋服ばかりをお召しになっているお客様がいたとしたら、真っ赤な車を勧めてみる。そして、

「わあ〜、お似合いですね。真っ赤な色の車から、お客様がドアを開けて降りてこられると、一層、いつもお召しになられている洋服が生きて見えます」

と。

「女性は、その言葉を待っているのよ」と教えてきたそうだ。

「サービスというのは、マニュアル化すればするほど質が劣化していくものなんです」

そして、

「サービスとは、先に『心』ありきです」

と、何度も繰り返された。

どうすれば、「心」が養われるのか？

先に「心」ありきです。

「感情」を込めなさい。

人間的であれ。

そうは言われても、漠然としていて何をどうしたらいいのか、わからない人も多いだろう。心は、長い人生の中で養われていくものだ。突然、外部から登用された上司に「こうしなさい」と言われても、実行に移せるとも思い難い。

さらに、松原さんの話は深みを帯びていく。その中で、「おもてなし」改革者ともいうべきキーマンの人生そのものと、大きく繋がりがあることが見えてきた。

少し遠回りになるかもしれないが、ここで、松原千恵子さんのプロフィールについて語っておこう。

子どもに頑張っている背中を見せて30年

松原さんは、岐阜県多治見市《たじみ》の生まれ。実家は製陶業を営んでいた。名古屋の短大を卒業後、家庭教師のアルバイトをしたり、父親の手伝いをして過ごしていた。

そんな頃、弟が東京の大学へ進学。母親と二人で、弟を訪ねがてら観光をしてきた。その時、その後の人生を変えたとも言うべき、運命の出逢いがあった。銀座4丁目の和光の前で、立ち尽くしてしまったのだ。

目の前のショーウインドウには、鮮やかなピンクや水色のハイヒール、そしてハンドバッグが飾られていた。

「ああ、東京には、こんなステキな靴を履く人がいるんだ」

それは眩《まぶ》しくキラキラ輝いて見えた。引き込まれるようにして店内に入る。そこには、背筋をシャンと伸ばして立っている女性店員の姿があった。温かくも、どこかしらに高級品を扱う緊張感があふれている。

松原さんは、「こんな世界があるんだ」と驚きつつ帰ってきた。

それからしばらくして、短大時代の先輩から連絡があった。

今度、和光が名古屋に出店する。先輩はその店の店長に抜擢されたという。そして、

「あなたも、一緒に働かない？」

と誘われた。ついこの前、銀座で目を奪われた、あの和光。運命的なものを感じ、

「はい、働きたいです」

と答えていた。しかし、父親の猛反対に遭う。松原さんの通っていた短大は、クリスチャンのいわゆるお嬢様学校で、「良き家庭婦人を育てる」という校風だった。父親も、花嫁修業をさせて、早く良い家に嫁がせたいと願っていた。当時は、それが普通のことであった。

和光では、朝番と遅番の勤務がある。遅番だと、午後12時から夜の8時。それから片づけて帰宅すると、10時近くになってしまう。実家の仕事は朝が早い。7時にみんなで一緒に朝食を摂《と》るのが決まりになっていた。

「朝、起きられないようなら辞めなさい」

おそらく、続かないと思ったのだろう。しかし、不承不承ながらも許され、和光に勤めることになった。


4年間勤めた時に縁があり、結婚することになる。そして半年後に男子を出産。それを機に、退社して主婦業に専念することにした。幸せな生活を送っていた。

しかし、その幸せも長くは続かなかった。結婚5年目に離婚することになる。5歳になった子どもを自分一人で育てなければならなくなった。今も変わらないが、シングルマザーにとって世間は厳しい。とにかく、働かなければならない。家庭教師のアルバイトをするか、実家で正式に雇ってもらうか。悩んだあげく、以前勤めていた和光に事情を説明し、再度、試験を受けて復帰することになった。

その際、こんなことを考えたという。

「社会の第一線で頑張って働いているという背中を子どもに見せたかったんです。父親がいない分、父親の代わりもしたかった。母親が責任ある仕事に就いていることで、きっと子どももプライドを持った生き方ができるのでは、と考えたのです」

子どもを育てなければ、という責任感が、頑張るエネルギーになった。その後、松原さんは39歳で店長になり、定年まで、通算30年を和光で勤めあげた。しかし、それは、体力的にも精神的にも苦労の連続だったという。

何より、一番辛《つら》かったこと。

それは、息子さんの一言だった。

小学1年の時のある日のことだ。突然、「ママに話がある」と言い出した。何かと聞くと、「ママは、僕のことが嫌いなの？」。びっくりして問いただす。「……そんな遠くにお仕事に行って」と責めるように言われた。

それは、出張のことだった。店長という仕事柄、東京の本店へしばしば行かなくてはならない。当時のことなので、もちろん泊まりになる。そして息子さんは、さらに言う。

「ママの会社の社長さんに会いたいんだよね」

「え？」

「話がしたいんだ」

「ママの出張を取りやめてもらいたいんだ」

胸が張り裂けそうだった。

「ママはね、遊びに行っているわけじゃないのよ。お仕事で行くのよ」

すると、さらに、

「子どもは小さいし、親は歳取ってるしって、何で言えないの？」

まだ6歳だ。その6歳の子を、こんなにも悲しませていたことに気づき、辛くて辛くて、涙があふれてきた。子どもの将来のために和光への復帰を決めた。ところが、それが仇《あだ》になってしまった。

松原さんは、それまで以上に家庭のことにも心を尽くすようになった。

「通勤電車の中で、何度、このまま家まで走って帰りたいと思ったかわかりません」と言う。子どものために頑張った。体力的にもずいぶん辛かったが、「幸せになるために働いている」ことを心に刻みつけて。

人を幸せにするには、自分が健康で幸せでなければいけない

少し遠回りになったが、話をレクサス星が丘に戻そう。

松原さんは、和光を60歳で定年退職。お世話になったお客様のところを挨拶回りしている時、キリックスグループの創業者で社主の山口春三さんに「うちへ来ないか」と声を掛けられる。

春三夫妻は、和光ファン……というより、大の松原ファンだった。「松原さんがいなくなったら、和光へ来る理由がなくなります」と言われたほどだった。

松原さんには、いくつか思い当たることがあった。その一つ。

レクサス星が丘のオープニングイベントで、ジュディ・オングのコンサートが催された。その際、松原さんに招待客への手土産の相談があった。フルーツケーキをとの希望だったが、小さな工場で製造しているので、期日までに何百個と揃えるのが難しい。それを何度も東京へ行き交渉し、実現させた。さらに、決まりきったものでなく、ちょうど時期だったクリスマスのプレゼント風にラッピングし、メッセージカードも工夫を凝らして添えた。余分な費用を掛けられない分、手間ひまを掛けた。

そのような、「頼まれたこと以上のサービス」をしてきたことに目が留まったのかと思われた。

しかし、車のことなど、まったくわからない。免許は持っていたが、ただ、車を走らせることしかできない。

「和光でやっていたことを、うちへ持ってきてくれたらええんや。うちの女の子たちにそれを教えてやってくれ」

レクサス星が丘を他に類のない最高のレクサス店にするために、銀座和光のような上質なサービスを作っていきたい。「おもてなしの心」を女性たちに伝授してやってほしいと、三顧の礼をもって、迎えられた。それは、レクサス星が丘がオープンして3年目のことだった。多少の不安はあったが、「物を売る」のではなく、「お客様に満足していただく」ということでは、和光もレクサスも同じであると考えていた。

「自分の今までの経験が、再び活かされる」

という意気揚々の思いで新しい職場へ出向いたのだった。

ところが、前述した呈茶のエピソードに加えて、着任早々もっと大きな事態に遭い、ショックを受けたのだった。

朝、出勤すると電話がかかってくる。アソシエイトの女性からだ。

「体調が悪いので、今日は病院へ行ってから出社します」

「風邪気味なのか身体が重いので、今日は休みます」

最初のうちは、たまたまなのだと思っていた。しかし、それは日常化しており、当時8名いたアソシエイトのうちの誰かが毎週一人は電話をかけてくる。どうしたことかと、山口峰伺専務（当時・常務）に尋ねると、それまではそれが普通だったという。訊けば、女性の場合、生理の具合で体調を崩すこともあると耳にしているという。また、デリケートなことだけに、厳しく接して、反発されるのも怖い。申し出通りにすべて認めていた。

セールス（営業）やテクニカル（整備）の男性では、体調不良で休むことなどめったにないという。

サービス向上以前の問題だ。これは、根本的なところから改革が必要だと腹をくくった。

和光時代には、誰一人女性スタッフから、当日の朝になって「休みたい」などと電話をかけてきたことはなかった。自分が一店員だった時も、店長になってからも。ほとんどが女性の職場であり、荷物運びなどの力仕事も含めて人に甘えるということが許されていなかった。「すべて自分でやるんだ」という責任感もあった。

ところが、ここでは女性が心のどこかで男性に甘えているという雰囲気が感じられた。和光では、頑張る代わりに、極力残業はさせない。さらに有給休暇もきっちり取らせる。レクサス星が丘では、女性の残業も多かった。それが「普段、残業させられているんだから、不意に休んだっていいや」という考えにも結びついていたようだ。

松原さんは、電話がかかってくると、

「そうですか、お大事にして早く治してください」

と言い、受話器を置いた。染みついている悪い体質を治すのには、ただ叱っても効果がないと思ったからだ。以来、アソシエイトの一人ひとりに、そして会議や研修の場でも繰り返し、繰り返し説いた。

「私たちは会社と雇用契約を交わしています。最も基本的な履行事項は、『きちんと出勤する』ということです。どんなに仕事ができても、無断欠勤はもちろんのこと、不意に『休みます』などと電話をかけてくるのはもってのほかです。それは、あなた自身の評価を下げることになるのです。いいですか。健康管理は自己責任です。社会人として最低限必要なことです」

ここに、松原さんの考える三段論法がある。

①サービスとは相手を「思いやる心」である。

②「思いやりの心」は、自分が幸せでなければ、相手のことまで気が及ばない。

③健康でないと、幸せとは言えない。

よって、心身ともに健康であることがサービスの条件だと言うのだ。

今では、朝に「体調が悪いから」と電話をかけてくる者は誰一人いないという。そうなるまでに、なんと一年以上を要した。

もちろん、インフルエンザなどの場合は例外だ。その場合には、出社時に赤い顔をして熱があるようだと、「すぐに帰って休みなさい」と命令する。

松原さんは、この問題は根が深いと考えていた。

車を売るディーラーというのは、昔から男性社会だった。機械のことでもあり、女性とは縁遠い。スポーツカーやオフロードカーなど、男性の趣味でもある。そのせいで、ディーラーの中で、女性スタッフは添え物というか、補助的な立場で捉えられていた。「受付の女性」が「アソシエイト」と呼び方を変えられても、組織そのものの意識が変わらなければ、彼女たちの意識も昔のままだ。

何かお客様に頼まれると、

「それはちょっとテクニカルスタッフに頼んでみないと……」

とか、

「それは営業の人の仕事ですから」

と自分から責任を逃れようとする。男女雇用機会均等法がせっかく施行されても、自らその権利を放棄しているのは女性ではないか。そんな男性社会の中での「甘えの構造」が「体調が悪いので……」という電話に象徴されているのではと読み取っていた。

朝の電話一本の改革から、女性たちの意識改革が見事に成し遂げられた。それは、前述した数々のホスピタリティあふれるエピソードから納得していただけるだろう。

「思いやりの心」は、苦労から培《つちか》われる

良い仕事をするために、自分に厳しくする。

お客様や同僚に喜んでもらうためには、思いやりの心が大切。

では、どうしたら、日々、時間に追われる仕事の中で、「思いやりの心」を育むことができるのだろうか。おそらく、すべての働く人たちが知りたいことだろう。

松原さんの考えはキッパリと明快だ。

「それは、やっぱり辛い目に遭って苦労すればいいんじゃありませんか」

ドキリとするとともに、なぜか包み込むような温かなものを感じた。それは、前述したように、松原さんの若き頃の苦労話を聞いたばかりだったからだ。

「哀愁の悲しみとでも言うのでしょうか。人の喜怒哀楽を感じ取るためには、やはり自分自身が苦労を重ねてきていないと理解できないんですよね」

少し表情をくもらせて、こう口にする松原さんの脳裏には、あの日の息子さんの「ママは、僕のことが嫌いなの?」という言葉が蘇っているのではと察した。

松原さんは続ける。

「ついこの前のことです。事故を起こされて修理に来られたご年配のお客様をおもてなしさせていただいた時のことです。ずいぶん落ち込んでいらっしゃるご様子でした。誰でも事故を起こしてしまったら、気が動転してしまうものです。

運転に自信がなくなってしまい、代車を用意してもらっても自分で運転して帰ることができそうにないとおっしゃいます。しばらく、気持ちを落ち着かせていただこうと、お話の相手をさせていただきました。すると、つい最近、奥様を亡くされて寂しくしておられることがわかりました。以前は、何かあると、いつも奥様に相談されていた。それが、事故を起こしてしまい、不安で不安でたまらない気持ちを打ち明ける人すらいない。

ああ、お寂しいんだな、と察することができました。そこで、できるだけ、明るいお話をさせていただきました。ご趣味は何ですか、と尋ねたり、グルメの話をしたり。そうこうするうちに、表情がみるみる明るくなってこられた。

自分が苦労を知っていると、人の悲しみもわかるのです。それが『思いやりの心』へと繋がっていくのです」

おそらく、その男性は、誰にも話せない悲しみを黙って受け入れてくれた松原さんに「親しみ」以上のものを感じたに違いない。それは、「物を売る」という行為を遥かに超えたところにある、人と人との心のふれあいだ。

もう一つ、「和光時代のことですが、こんなことがありました」と話された。

「ご家族で和光をご利用いただいていた方です。ある日、その家の息子さんが『今日は、買い物ではないのですが……』と、お店を訪ねてこられました。とても暗い表情をしておられました。いつも一緒に来られるお母様が、病気で入院されたというのです。和光のお品のファンで、時計やハンカチーフ、装飾品をはじめとして、たくさんお求めくださっていました。和光で買い物をされること自体がお好きだったのです。出掛けることもままならなくなり、病室へ和光ブランドの物をたくさん持ち込まれ、ベッドサイドに置いて辛い入院生活の癒しにされているとのことでした。ところが、毎日見ている置き時計が、急に動かなくなってしまった。動かない針を悲しそうに見ているお母様を見るのがまた辛くて、和光を訪ねてくださったらしいのです」

松原さんは、取る物も取りあえず、お見舞いを手に病院へ駆けつけたそうだ。そして、持参した電池と入れ替えると、再び時計はいつものように秒を刻み始めた。何のことはない、ただの電池切れだったのだ。

しかし、「電池を交換してください」と言うのは誰でもできること。人の哀しみを理解して、その気持ちにどう応えるかを考えれば、商いとは離れても「何をして差し上げるべきか」という答えは自ずと出る。

まったくビジネスには結びつかないエピソードである。

しかし、こうした「思いやりの心」が、何年も何年も積み重なって、和光の、そして松原さんの「信用」を築き上げていったのだ。

「『私でお役に立てるのなら』という気持ちだけが、身体を動かしていました」

と松原さんは言う。

しかし、幸いにというか、恵まれた人生を送ってきた人も多い。若い人たちは特に。

「それは理解できますが、今まで、あまり苦労した経験のない人はどうしたらいいんですか？」

と、ちょっと意地悪な疑問を投げかけた。しかし、表情一つ変えず、真摯《しんし》に答えてくれた。

「人間、生きている限り、苦労のない人はいません。周りに、哀しみのない人もいません。例えば、家族です。お爺ちゃん、お婆ちゃん、両親、兄弟に……必ず、何かしら哀しい出来事が起きます。病気、死別、親子の感情の行き違い、受験・就職などの挫折《ざせつ》、失恋、離婚、流産……。それらは、運命共同体の家族に起きたことで、一緒に悲しんであげることはできるけれど、自分自身のこととは違いますから何ともならない、解決できないいんですね。そのジレンマの中で『哀しみ』を感じる」

筆者自身も人生を振り返るとそうだった。たしかに、近くにいながら何も解決してあげられないことほど辛く哀しいものはない。

「どんなに地位の高い方でも、有名な方でも、私たちと同じように家族がいて喜怒哀楽という感情を持ち合わせています。悩みのない人なんて、この世の中にはいません。ある作家さんが、こんなことを言っておられます。『人間は哀切という感情を失くしたら、単なる細胞に過ぎない』と。そんな哀しみを抱きつつも、みんな笑顔で頑張っている。だからこそ喜びがある。こういうことを意識していれば、自ずとお客様との心の垣根がなくなり、『思いやりの心』が育つのではと思うのです」

①　自分が幸せであること
②　苦労をすること
③　周りの人（日頃、家族の）の苦労を思いやること

あれから7年。今では、「心」を何よりも大切にし、レクサス星が丘のスタッフの誰もが、全国どこの一流、名門ホテルのスタッフにも引けを取らないくらいの力を身につけている。

山口社主が思い描いていたレクサス星が丘のおもてなしの姿は、松原さんを招いたことで見事に今、花を咲かせている。

レクサス星が丘の流儀

マニュアルよりも「心」が先である

第7章

サプライズよりもプラスワン

チームレクサスを作る　～ミーティングの試み

吉田芳穂さんは、トヨタビスタ東名古屋に入社し、9年目に店長となり、その後、レクサス星が丘開設準備室に参画した。途中、二度、ネッツトヨタ東名古屋への短期間の転出を経験したが、現在はレクサス星が丘のゼネラルマネージャーとして辣腕《らつわん》を振るっている。

吉田さんには、かねてから店づくりについての願望があった。

店舗で働くあらゆる職種の人たちが、心一つになってお客様に向き合いたいということだ。レクサス店を立ち上げる時、トヨタ自動車本社の研修に参加した。そこで何度も繰り返し言われたことがある。

「チームレクサスです。一人のお客様をみなさんでお守りするのです」

実にわかりやすい言葉だった。もしそれが実践できたなら、どんなに素晴らしいことか。しかし、簡単ではないことも、現場にいてよく知っている。

どの組織にもセクショナリズムがある。自分の仕事の領域に口を出されて愉快な人はいない。また、よけいな仕事は増やしたくないというのが人の心理だ。もし、マネージャーが他の部署からの要望を容易《たやす》く引き受けたら、部下たちに総スカンを食らってしまうだろう。

レクサス星が丘には、大きく3つの職種がある。アソシエイト（接客）、セールス（営業）、テクニカル（整備）の合わせて41名だ。これらの仕事をする人の心が一つになった時、レクサス星が丘は最大限の力を発揮できるはずだと考えた。

今まで、ネッツトヨタ東名古屋で試みようとしたことがあったが、なかなか実現には至らなかった。原因は人員の不足だ。通常のネッツ店のスタッフは高効率を求め一店舗当たり平均14、5人。それぞれのセクションで自分の仕事をするのが精一杯。「やろう」という気持ちがあっても、他のセクションのフォローまで手が回らないのが現実だった。

それは物理的な問題で、熱意とか理想だけではどうにもならない。

例えば、帝国ホテルでは伝説となるほどの有名なサービスがある。その一つに、

「ゴミをもう一泊させる」というものがある。お客様がチェックアウトをされた後、客室係は部屋の掃除に入る。その際、ゴミ箱はもちろん、机や床に落ちている紙くず一つまで24時間保管しておく。お客様が帰途に就かれる途中の空港や車の中で、「あっ、大事なメモがない」と気づかれ、ホテルへ問い合わせの電話がかかってくるかもしれない。一見、ゴミだと思えるような紙くずであっても、ひょっとすると重要なことが書いてあるかもしれない。そんな気働きから始まったサービスだ。

清掃業者にゴミを出すのを24時間留め置く。簡単なことのように見えるが、その背景にはとてつもない覚悟が秘められている。もし、お客様から、「部屋に取引先の電話番号を書いたメモ用紙を忘れてしまった」という電話が入ったとしよう。客室数は1000近い。客室ごとに分別して保管されているとはいえ、電話がかかってくる度にその膨大なゴミ袋の中から「一片のメモ用紙」を探し出すというスタッフが必要になる。突き詰めて言えば、人件費だ。

これは安価なビジネスホテルではとうてい真似できない。充分なスタッフがいる帝国ホテルだからこそ為せる業なのだ。

吉田さんは、レクサス星が丘ならそれができると考えた。帝国ホテル並みの「おもてなし」ができると。

すでに、山口峰伺常務（現在は専務）の発案で、アソシエイトとセールスがペアを組んで一人のお客様を担当することが決まっていた。これも人員に余裕のないネッツ店では難しいことだったが、ネッツ店に比べて2・7倍というスタッフの数に恵まれたことで可能になった。しかし、それだけでは「チームレクサス」は実現できない。せっかく与えられた人員をもっと活かせないか。さらなるスケールメリットを生み出せるはずだ。みんなのハートが一つになる方法はないか。そこで、こんな試みを始めた。

レクサス星が丘では、毎日、夕方の6時15分から参加できうる限りのスタッフでミーティングを行っている。もちろん営業時間内だ。これを実現するためには、絶対にお客様に迷惑をかけないことが条件になる。

そのためにはミーティングの開催中に、通常業務に就く留守番スタッフが必要になる。最低でも、電話番が2名、受付が1名、セールスが1名。ミーティングは毎日行うので、留守番は交代制とした。

セクションの壁を取り払う

その全員参加のミーティングで、自分の仕事の問題をみんなに相談して解決のアイデアを出してもらう時間を設けることにした。

例えば、セールスが商談が難航して困っている。「どうしたらお客様の心を動かせるでしょうか」と詳しく事情を話す。それに対して、アソシエイトやテクニカルが、自分の立場から、いや一人の人間としてお客様の立場から考えを述べる。吉田さんは、そんな問答を想定していた。

ところが、最初のうちは誰も手を挙げようとしない。それぞれにプライドがあるからだろうか。それとも、「他人の仕事に口を出さない方がいい」という謙虚さがゆえだろうか。

そこで、まずは吉田さん自身が、ミーティングでみんなに相談を持ちかけることにした。

それは実際に吉田さんが担当しているお客様で、どうしても成約に至らずに悩んでいるポルシェのオーナーの話だった。

すでに10年近くも乗っており、故障しがちで修理するのにも毎回お金がかかりすぎる。それなら買い替えた方がいいかもしれない。そんなことから商談が始まり、何度も何度もお客様の自宅に伺っていた。

ところが、一向に最後の決断をしていただけない。いったい何が足りないのか。どこに不満な点があるのか推測もできない。レクサスのことも「いい車だ」とおっしゃってくださる。

しびれを切らして、とうとう、「何か、レクサスか私どもに不備な点がございましたら教えていただけますか。他に候補にしている車があるのでしょうか」とまで聞いてしまった。でも、「いや、それは満足している」と言われ、ますますわからなくなった。実のところ吉田さんは、ライバル車があるに違いないと思っていたそうだ。

この話を聞いたアソシエイトの女性が、こう提案してくれた。

「それでは奥様を一度お店にお招きしてはいかがでしょうか」

ラウンジでこだわりのコーヒーを飲み、酸素バーで寛《くつろ》いでいただけたら、きっとご主人の背中を押していただけるのではないか。

「それでは、私が奥様に手紙を書きます」

早速、それは実行に移され、夫婦揃っての来店に結びついた。


その日は、アソシエイトが一丸となってお迎えをした。館内を案内し、試乗もされて気に入っていただけた。しかし、ご主人の表情はどこかしら曇りがち。その時、ようやくわかったことがあった。

ポルシェを手放すことに未練があったのだ。というのは、元々ご主人は大手建設関係のサラリーマンだった。その後、独立して会社を興す。それは苦労の連続だった。会社が軌道に乗った時、自分へのご褒美として購入したのが、昔から憧れていたポルシェだった。

レクサスは大いに気に入っている。それでも、ポルシェへの思いを断ち切ることができない。ライバルは「思い出」だった。それでは、いくら頑張っても太刀打ちしようがないと悟った。

しかし奥様の勧めが功《こう》を奏《そう》し、その場で成約となった。

ただ、ご主人は浮かない表情をしている。それはレクサスのスタッフ全員にも伝わった。お客様が帰られた後、

「お客様のために何かできることはないでしょうか」

と誰からともなく言い出した。

ここで、セールス、アソシエイト、テクニカルが一つになって「ある企み」をすることになる。奥様と相談して、ご主人が不在の時を見計らって自宅兼事務所を訪問する。そして、駐車場に停めてあるポルシェをきれいに洗車して1枚の写真を撮った。

この写真と、今度新しく購入いただく予定のレクサスの写真を大きく引き伸ばし、額に入れて記念品にしたのだ。「思い出」を写真という形に残すために。

納車セレモニーの場で、ノンアルコールのスパークリングワインでお祝いをした後、キーとともに「ポルシェと同様にレクサスも可愛がってください」と写真を贈呈した。

その前日、スタッフたちはもう一度、こっそりとポルシェの洗車に出向いていた。

ご主人は、奥様も結託しての「企み」だと知り、ポツリと呟《つぶや》いた。

「俺、ポルシェがきれいになっているものだから、何かおかしいと思ったんだよね」

と苦笑いされた。そして、奥様に向かって、

「ありがとう」

と微笑んだ。その様子をそばで見ていたスタッフは、ともに感動を分かち合えた気分になり、「チームレクサス」を体感したのだった。

ちなみに、このお客様は、その後も2台のレクサスを買い替えられ、チームレクサスの面々とは家族にも似たお付き合いをさせていただいているという。

この事例がきっかけとなり、現在ではミーティングはお互いの相談の場となっている。

ナンバーワンでなく、オンリーワンのお店にしよう

ここまで、アソシエイト、セールス、テクニカルスタッフの奮闘ぶりの数々を紹介

してきた。それはけっしてスマートといえるものではないかもしれない。というより、泥臭ささえ感じられる。

アソシエイトの清水さんの涙ながらの失敗談や、担当部長の松原さんの苦労話を聞くと、彼らにとって「レクサス」は、「人生」そのものなのだということが伝わってくる。結局は、仕事とは人と人との出逢いが作るものであり、人生をかけた思いというのは相手の心に通じるものなのだ。

こうした積み重ねの結果、受注台数は次のように劇的な回復を遂げる。

2013年　受注台数　758

そして販売台数とCS（顧客満足度）を総合した評価で第1回以来連続で表彰を受け、「キング・オブ・レクサス」と呼ばれるまでになった。

トップになれば誰もが嬉しい。嬉しいと、上司に聞いてもらいたくなる。それが人情というものだ。

ある時、月の受注台数が74台だった。新型車の発売時期でもなく、スタッフ全員の努力のたまものだ。そこで、ゼネラルマネージャーの吉田さんは、本社の会議へ意気揚々と出掛けてみんなの前で報告した。

ところが、それを聞いていた社主の山口春三さんに、

「1位も2位も関係ない！」

と叱られた。現場で数字を預かっている者としては、結果を出さなければならない。にもかかわらず……。

社主いわく、

「ナンバーワンじゃなくて、オンリーワンの店づくりをしようと開業の時から言っているだろう」

スマップの『世界に一つだけの花』という曲は、僕らは一つだけの花であり、一人ひとり違う種を持っているから、その花を咲かせることだけに一生懸命になろうという趣旨を歌っている。

頑張っているのに上手くいかず、人とついつい比べてしまい、疲れ果てた人たちの共感を呼んで大ヒットした。

しかし、この場合の「オンリーワン」は多少意味合いが異なる。いくら全国でトッ

プの売上台数を上げたところで、それはお客様には何も関係ないことだ。ナンバーワンと言って喜ぶのは会社側。順位を競うことそのものが、「お客様不在」ということになる。

お客様にとって、常にオンリーワンである店づくりをしよう。それがレクサス星が丘が目指しているものというわけだ。

お客様のために尽くしていれば、数字は後からついてくる

苦しかった時期から、CSを一生懸命に追求してきた。

車を売っていると、ついついナンバーワンになろうとして数字が気になり、次のセールスにばかり意識が向いてしまう。しかし、今日、買ってくださったこのお客様を大切にしようと心掛ける。それだけではない、第5章で紹介したようにレクサスのオーナーではない一般客の「飛び込み修理」も大切にする。

それは言うは易し、行うは難し。簡単なことではない。

それでも、購入してくださった後のお付き合いを大切にした。

コンパクトカーのお客様の修理も進んで行う。

一見、冷やかしのようなお客様にも丁寧に心を込めておもてなしをする。

山口社主は、

「いずれ将来、雪崩《なだれ》を打ってレクサス星が丘にお客様が来てくださるぞ。とにかくCSを信じてやりなさい」

と、口癖のように励ましていたという。そして、その通りの結果になった。

吉田さんは言う。

「我慢の結果です。最初は新規のお客様ばかりです。でも、いずれは買い替え時期がやってくる。グレードの高い車種が発売になれば、興味を示されるお客様も多い。マイナーチェンジもある。それだけではありません。1台購入されて、その後の『おもてなし』に信頼を持ってくださったら、ご家族の車を2台、3台と購入したり、ご友人を紹介していただけるケースも多いのです。ただ、目先の数字ばかり追いかけていたら、今のレクサス星が丘はありませんでした。後に社主の言う『オンリーワン』の意味がわかるわけです。お客様のために尽くしていれば、数字は後からついてくるものなのだと」

お客様から頼まれない

オンリーワンであるために、吉田さんが一番心掛けていること。それは、「お客様から頼まれないこと」だと言う。

えっ⁉と疑うような言葉だが、説明を受けてすぐに納得した。

例えば、最も簡単なことは呈茶。お客様が「のどが渇いた」とおっしゃる前にお出しする。暑い日ならアイスコーヒー。コーヒーの苦手な方だとわかっていれば、「紅茶か日本茶、どちらにいたしましょうか」と尋ねる。こんなことは、どの店でも当たり前のことだろう。しかし、それが万事に繋がる。

納車を済ませたら、何日かしてこちらから電話をする。

「お車の調子はいかがですか？」

年配のお客様だと、ナビの使い方などを説明してはあるが「本当に理解してくださっただろうか」と、翌日にでも電話を入れる。

「ナビを試していただけましたか？」

「やっぱり難しくて」

と言われたらすぐに飛んでいく。

すべては「先回り」。もし、お客様の方から、

「ここがわからないから教えてほしい」

などと電話がかかってきたら、それは恥だと思わなければならない。「お客様から言われる前に全部やって差し上げたい」と言う。

「サプライズ」より、「プラスワン」

ホテルやレストランでは「サプライズ」が持てはやされている。

誕生日に、頼んでもいない名前の入ったケーキが出てきて、スタッフ全員で「ハッピーバースデイ」を歌ってくれた。

チェックインしたら、部屋に大好きなミュージシャンの曲が流れていた。

それは、「感動サービス」として最上級の「おもてなし」として評価されている。

しかし、ゼネラルマネージャーの吉田さんは、これにはあまり賛同できないと言う。

その理由を、こんなエピソードを例に挙げて説明してくれた。


レクサス星が丘では、納車セレモニーというものを行っている。特別ルームで車検証とキーを手渡し、取扱いの説明をする。花のプレゼントや写真撮影も。以前は、船の進水式のようにノンアルコールのシャンパンを振る舞ったりしていたこともある。

あるお客様から、明日の納車セレモニーに先だって「朝、一番でお願いできないだろうか」と頼まれた。訊けば、明日はお婆様の誕生日。車を受け取ったら、その足でお婆様を迎えに行き、長野県の昼神温泉まで家族みんなでドライブをして、そちらに宿泊するのだという。

9時30分に、一番で納車セレモニーを行って、旅行のお見送りをした。その際、ご家族の間で交わされた会話の中に、宿泊する旅館の名前がチラッと聞こえた。なんという偶然か。たまたま吉田さんも、つい最近、その旅館に泊まったことがあるのだ。

そこで、旅館にこっそりと電話をした。

「この前、泊まらせていただいた者です。実は、私の勤務先であるレクサス星が丘のお客様が、今晩、そちらにお泊まりになられます。お婆様の誕生日と伺っております。そこで、誕生日ケーキを当方の負担でプレゼントさせていただきたいのですが、そちらでご用意いただくことはできますでしょうか」

すると、意外な返事が返ってきた。

毎年、そのお客様は、お婆様の誕生日に合わせて家族旅行に来てくださるお得意様だという。当然、バースデイケーキも用意しているとのこと。

「それでは、ワインでも」

と言うと、家族の誰もお酒が飲めないとのこと。ああでもない、こうでもないと相談したあげく、お花をプレゼントすることにした。旅館の配慮で「レクサス星が丘から」というメッセージカードも用意していただけた。

それだけではあまりにも普通だ。そこで、次の日の朝一番に、お客様の車宛にメールを送った。

「お婆様、お誕生日おめでとうございます。ご旅行はいかがですか。今日も安全運転でのドライブを心よりお祈りしています」

レクサスには、メールを音声に変換して読み上げるシステムが搭載されている。なかなか使う機会もなく、また、納車したばかりなのでサプライズになり喜んでいただけた。「ありがとう。嬉しかったです」と、後日お礼の電話をいただいた。

しかし……と、吉田さんは言う。

「こういうサプライズは、私たちの本意ではないのです。たまたま、納車セレモニーの前日に、お婆様の誕生日であることを知った。たまたま、お客様の宿泊先の旅館に泊まったことがあった。その偶然のおかげで成し得ただけなのです」

さらに、

「サプライズは、たしかにお客様に喜んでいただけることでしょう。我々も、時に条件が揃えばサプライズを仕掛けたりもします。でも、もしもサプライズを仕組みとしてしまったらどうでしょうか。誕生日には、何と何をして驚かす。仕組みだから、どのお客様にも同じことをしなければならなくなる。すると感動も薄れます。それよりももっと怖いことがあります。『レクサス星が丘で車を買うと、誕生日にケーキが届くよ』なんて言われるようになったら、もう感動でも何でもありません。お客様はケーキをもらえると、期待してしまう。期待されていたらサプライズにもなりません。それどころか、仕組みにしたら毎年しなければならなくなります。もし途中で止めたら、『去年はもらえたのに』ということで落胆に繫がります」

吉田さんは、「おもてなし」とは、お客様に「先回り」して何ができるかということだと言う。それは、けっしてサプライズではない。別に、サプライズ自体を否定するわけではない。でも、お客様が涙を流して感激してくださるなんてことは、よほどのことがない限りありえない。その時、吉田さんが、とても大切なことを話し始めた。

「小さなことですが、こんな譬《たと》え話をさせていただきます。お客様から車のボディが傷ついてしまったので修理をしてほしいと頼まれた。仕事に出掛けなければならないので、なんとか30分でできないかとおっしゃる。そこで、テクニカルが他の修理とやりくりして緊急措置を取る。ここでもし、60分もかかってしまったら、お客様は不満を感じる。でも、25分で終わらせたら、『ありがとう』と言われる。お客様の望む30分より、3分でも5分でも早く終わらせることが大切なんです。『お客様から頼まれない』と言いましたが、それと併せて『頼まれた以上のことをする』。すると、『ああ、こんなことまでやってくれたの』と感激してくださる。つまり、プラスα……プラスワンなんです」

時にはサプライズも企画する。しかし、普段は、サプライズよりもコツコツ、サプライズよりもプラスワンを心掛ける。そうでないと、お客様を喜ばせることは長続きしないと言うのだ。

「お客様のニーズが100％だとすると、100％をかなえて差し上げるのは当然のことです。こちらは本当は200％を実現したい。でも、正直なところ、それは無理です。でも、101％ならできるはず。その1％の上乗せを積み重ねていったら、いつの日か、お客様から『ありがとう』と言われるかもしれない。ホームランはいらないんです。ヒットをたくさん打つ。それがレクサス星が丘なんです」

地域社会への貢献を仕事の中で実現

レクサス星が丘を擁するキリックスグループには**「三誠の精神」**と呼ばれる社訓がある。

誠心……誠の心を常に持とう
誠意……誠の気持ちを表そう
誠実……誠の行いで実を結ぼう

さらに、この精神を実現させるための「経営理念」がある。

企業の経営は利益追求が目的ではありません。**企業経営の目的**は、

1、社会への貢献

2、お客様中心の価値づくり
3、社員とその家族の幸せ・豊かさづくり
であり、利益追求はそのための手段なのです。

これは、全社員が携行する手帳の1ページめに掲載され、自力執念、自主積極行動、目標貫徹、自己発展向上、格調高いサービスの提供、社会への貢献など12項目の「キリックスグループ誠の行動指針」と併せて毎朝の朝礼でスタッフ全員で読み合わせをしている。

ここで注目すべきは、「経営理念」の冒頭に「社会への貢献」が挙がっているということだ。「お客様」が先に来るのが普通だろう。これがいかにスタッフ一人ひとりに浸透しているかを物語るエピソードをいくつか紹介したい。

ある日、一通の手紙がレクサス星が丘に届けられた。それはこんな内容だった。

「初めまして。○○と申します。

先日、レクサス星が丘の方に助けていただきましたので、お礼をお伝えしたくて手紙を書きました。

平成25年9月12日、午後5時30分頃、私は軽自動車を運転していました。星が丘の交差点で信号待ちをしていた時、エンストしてしまい立ち往生してしまったのです。車内には、女性と子どもしか乗っていなかったため、どうしたらいいのか不安が募るばかりで困り果てていました。

そんな時でした。反対車線のレクサス星が丘出入口でいつも立っておられる方が、信号を渡って駆け寄って来て下さいました。『どうされましたか？　ここは危ないので隅へ寄せましょう。ラジオとエアコンを切って、ニュートラルにして下さい』と言い、お一人で後ろから押して下さいました。適切なアドバイスにより無事に道路の隅に寄せることができました。

幸い、その後、しばらくしてエンジンがかかりました。『もしよろしければ点検されますか？』と言っていただきましたが、家まで近かったので帰らせていただくことにしました。一歩間違えれば、大事故になりかねないところでした。心より感謝しております。

まさに『ヒーローが現れた！』と言ってもいいくらいの気持ちでした。お声を掛けて下さった方のお名前を伺っていなかったので、もしその方がわかりましたらお礼をお伝えいただけたら幸いです。

本当にありがとうございました」

もうおわかりのように、「その方」とは本書の冒頭で紹介した警備員の早川正延さんだ。

早川さんは、この日、反対車線の中央分離帯側で信号が青に変わっても動かない軽自動車に気がついた。もし、トラブルだとしたら、交通量の多い場所なだけに一大事になる。

考えたり上司に相談している余裕はないと判断し、インカムで「持ち場を離れます」とだけ連絡を入れて横断歩道を駆けた。

案の定、エンジントラブルだった。残暑厳しい日で、昔はよくあったことだ。手紙にもあるようにラジオとエアコンを切り、エンジンを冷やすと再び動いた。

人命救助とは言わないまでも、とっさによく身体が動いたものだと感心した。する

と、早川さんは、

「うちのお客様をお出迎えすることは大切ですが、今やるべきことは何かと判断したときにはもう走っていました」

と答えた。

レクサス星が丘では、店舗周辺の清掃活動や献血活動なども行っている。また、日野皓正《てるまさ》、ケイコ・リー、寺井尚子、宇崎竜童などの一流のミュージャンを招いて開催するジャズコンサートには、地域のお客様も無料で招待している。これは、レクサス星が丘を作る際に、地主の東山遊園株式会社の水野民也氏に「単なる車の販売店の出店というのではなく、レクサス星が丘を星が丘全体の町づくりの拠点としたい」と願い出たことと深く繋がっている。

ただ、このような地域貢献活動は、現在、どの企業でも当たり前になった。ここでも、吉田さんは「サプライズよりもプラスワン」についてこう語る。

「大きなことをやれれば一番いいのですが、長続きしなくては意味がありません。社会貢献も同じと考えます。このような突発的な出来事に出遭った時、社員の社会貢献の意識度が試されると思うのです」

人は、「仕事」と「社会」を心のてんびんにかける。その重さを知らず知らずのうちに量り、ついつい目先の利益に傾く。「仕事場を離れて駆けつける」という行為は、簡単なように見えて難しい。社内に「人のため、社会のため」という風土があってこそ、とっさの事態に対応できるのだ。

なお、土地所有者である東山遊園株式会社社会長の水野民也氏は、レクサス星が丘がオープンする一カ月前に急逝されてしまった。もし存命であれば今日のレクサス星が丘の姿を誰よりも喜んでいたに違いない。

もう一つ、こんな話を紹介しておこう。

ある日、店頭に、「すみません、相談に乗っていただきたいことがありまして」と、近くに住むという一人の女性が訪ねてきた。小学生の息子さんが、マンションの駐車場でボール遊びをしていたら、そこに停めてあった車のボンネットにボールが当たって傷をつけてしまった。

それがレクサスだったので、きっとここで購入された車だと思い修理や弁償のことなどを相談に来たという。

スタッフは急いで一緒に見に出掛けた。すると、「レクサス」のエンブレムが付いてはいるが、車はハリアーだった。レクサスのエンブレムのファンで、どこかで手に入れて取り替えたものと思われた。もちろん、レクサス星が丘で購入されたものではない。

まずは持ち主に謝罪の挨拶に行かれること。

そして、修理の方法について説明をした。

後日、改めて修理の依頼があったので、ハリアーのオーナーに連絡を取ってきれいに修理をするとともに全体の洗車もしてお返しした。その母親は、相当な金額を請求されると心配しておられたようだったが、「ご近所のお付き合い」ということで無料で奉仕させていただくことにした。こういった場合、大きな金額でなければ無料にしてもよいかどうか、現場のテクニカルスタッフに判断は委ねられているという。

母親はもちろん、その車のオーナーにまで感謝された。

この話を耳にして思ったことがある。社会貢献などというと、企業も人も構えてしまう。いくらかの寄付をするとか、障がい者スポーツの支援をしたり、エコに配慮した建物にするのもその一つだろう。しかし、一人ひとりの社員にも、その気になれば何かできることがある。それはほんの些細なことかもしれない。そう、仕事とは関係なくても、目の前の人に「思いやり」を持って優しく接することだ。それは、お客様に対する気持ちと変わらない。

取材でレクサス星が丘を訪れた際、昼の休憩でランチを食べに行くことにした。すると、アソシエイトの一人が「〇〇のランチは安くて美味しいですよ」「〇〇は野菜が主体で健康にいいです」と、いくつも推薦してくれた。

お客様から同様に尋ねられることが多く、できる限りご近所の飲食店などをリサーチして紹介するように努めているという。星が丘の地で、地域のみなさんのおかげで商いをすることができる。そんなことでお返しができたらという思いからだそうだ。

小さなことだが、これもプラスワンの一つに違いない。

県外からも、わざわざレクサス星が丘へ買いに来る

オンリーワンを目指した結果、レクサス星が丘では驚くべきことが起きている。

その一つは、名古屋市はおろか愛知県外からも優れたCSの評判を聞きつけて購入しにこられるお客様がいるというのだ。岐阜県は高山市、三重県は鈴鹿市、静岡県は静岡市が最も遠方になる。それぞれ高速道路を利用すると、おのおのの市役所まで、1時間12分（60・2キロ）、2時間6分（172・4キロ）、2時間11分（168・5キロ）かかる（インターネットの道路交通情報サービスのサイトを参考）。一般道を使えば、その2倍、3倍の時間がかかる。

もちろん、それぞれの県にもレクサス店はある。しかし、どんなに遠くて不便でも「レクサス星が丘でなければならない」と思ってくださるお客様なのだ。

そしてもう一つ。

名古屋市内や近郊の他のレクサス店で購入されたオーナーが、「レクサス星が丘で

買い替えたい」と言って来店されるケースが毎月のようにあるという。こちらも、自宅や会社のもっと近くに、他のレクサス店があるはずだ。「何かあったとき」のことを考えると、よほどの理由がない限りそれはないように思える。

ところが、「何かあったとき」のことを考えて、わざわざ遠方のレクサス星が丘で買いたいとやってこられるのだ。

そんなお客様からの期待に、レクサス星が丘ではどのように応えているのだろうか。

365日サービス体制がお客様を呼び込む

レクサス星が丘には、アフターサービスの大きな目玉がある。

365日サービス体制と、緊急出動サービスだ。

全国、どのトヨタ自動車の販売店でも定休日を設けている。その多くは、月曜日か火曜日だ。他社の販売店も同様に定休日がある。しかし、車の故障や事故は、定休日に関わりなく起きる。

そこで、レクサス星が丘では開業時から定休日をなくした。365日フルで営業する。ただし、毎週火曜日だけは少人数のスタッフ体制で臨み、予約のお客様はできうる限り他の曜日に来店していただけるよう調整している。

それでも、頻繁に「飛び込み修理」の依頼があるという。その大半は、他の販売店で購入されたお客様だ。

「プリウスに乗っているのですが、エンジンの調子が悪くて、明日から出張で車を使わなければならないのですが、買った店が休みで困っているんです。友人に聞いたら、お宅はやっていると聞いたので修理をお願いできませんか？」

そんな時、もちろん喜んで引き受ける。トヨタ以外の車でもだ。輸入車もあれば軽自動車もある。他のレクサス店のオーナーからも修理を頼まれることが少なくない。特に多いのが、年末年始とお盆休みだ。レクサスのオーナーたちの間では、「困った時には、レクサス星が丘へ行け！」という噂が広まっているらしい。修理の際に、けっして営業することはない。他のレクサス店も同じチームレクサスの仲間だ。自分の店のオーナーに対するのと同様の対応をする。

しかしそうだからこそ、そのサービスに感激し、他のレクサス店で購入されたお客様が、「レクサス星が丘で買い替えをしたい」と希望されるケースが増え続けているという。

もちろん、それはお客様の強い希望があってのこと。買い替えをこちらから勧めたりはけっしてしない。近隣のレクサス店と競争する意識はまったくないという。ナンバーワンではなく、オンリーワンを目指している結果なのだ。

奈良や高山までも出掛けます

もう一つの目玉の緊急出動サービスにまつわるエピソードを紹介しよう。

ある時、お客様から電話が入った。仕事先の岐阜県の高山市近郊で、事故に遭ってしまったという。幸い人身事故ではなく、自分の車が壊れて動かなくなっただけだった。しかし、翌朝、一番で次の仕事先へ移動しなくてはならない。

普通なら、保険に入っているので、契約しているロードサービス会社に急行してもらって対応を任せて終わる。しかし、レクサス星が丘では、「できうる限り、直接自店で対応する」ことにしている。

電話で事故現場の近くのレンタカー屋さんに代車の手配を頼んだが、あいにくレクサスを扱っていないという。やむを得ないので、とりあえず、すぐに配車できるレンタカーを借りて、お客様には一旦ホテルへ移動していただいた。その間に、キャリアカーにレクサスの代車を乗せて、名古屋から高山市のホテルまで走った。ホテルでその代車を引き渡して、保険や警察への届出などについて相談に乗る。その後、レンタカーを預かり、レンタカー屋さんへの返却を代行した。さらに、事故現場からお客様のレクサスをピックアップして名古屋まで戻ってきたという。

それが、緊急出動サービスで、お客様が事故やトラブルに遭われた時には、レクサス星が丘のスタッフが直接伺って対応するというシステムだ。

あえて明記しておくが、これらの対応でお客様への代金の請求は一円もしていない。お客様によほどの過失がない限り、オーナーの車の事故・修理への緊急対応は無料で行っている。この高山のケースがよほどでないというのだから、よほどのこととはどれほどのことかと驚くばかりだ。「レクサス星が丘で買いたい」という人が引きも切らない理由が理解できる。

ここに、レクサス星が丘の最大の強みがある。

事故に遭われたお客様は、突然のことで精神的に不安定になっている。そんな中、事故の相手や警察官と話をしなければならない。そんな時、よく知っているレクサス星が丘の担当者が駆けつけてくれることで、平常心を取り戻すことができるという。

名古屋市内で、レクサス星が丘のオーナーの車と、ベンツが接触事故を起こした時の話だ。レクサスのオーナーから、急ぎの仕事があるので、警察の手続きが済んだら、すぐにでも出掛けなければならないと聞いた。レクサス星が丘からレクサスの代車をお届けすることはできる。しかし、運搬に30分はかかってしまう。そこで、警察署のすぐに近くにあるキリックスグループのネッツトヨタ東名古屋の店で、たまたま空いていた代車を配送した。

実は、現場へ駆けつけた際に、事故の相手方のベンツのオーナーの相談にも乗って差し上げた。誰もが事故などめったに起こすものではなく、お互いが不安と動揺で頭の中がいっぱいなのだ。

帰り際、ベンツのオーナーがレクサス星が丘のスタッフに歩み寄り、こう言ったという。

「本当に助かりました。今度、買い替えるときにはレクサスにするよ」

これは事故のケースではないが、吉田さんは奈良まで試乗車を運んだことがあると言う。

名古屋に本社のあるお客様が、「今、奈良営業所にいるんだけど、なかなか名古屋へ戻れないでいる。奈良で使うレクサスなんだけど、持ってきてもらうことはできるかな」と言うのだ。

吉田さんは、自分で運転して試乗車をお持ちした。社長は感激してくれ、その場で購入を決めてくださった。

吉田さんは、このエピソードを自慢ではなく、自分への戒めだとしてこう語る。

「セールスマンというのは、売る時は一生懸命なんですね。私も、買ってくださるというなら、奈良でもどこへでも走ります。でも、事故やトラブルで困ったことが起きた時に、ディーラーっていうのはロードサービス会社などに頼んで人任せなんです。私も、長く営業をしてきて『これではいけない』と思ってきました。特に、女性のお客様だと、事故の相手が男性というだけで萎縮してしまうことが多いのです。それが加害事故だとよけいにですね。そんな時、弁護士ではありませんから相手様との交渉はできませんが、でも、そばに寄り添ってアドバイスをして差し上げることくらいはできるはずなんです」

実は、このようなサービスはキリックスグループ全体では当たり前のことになっている。

ゴールデンウィークに福岡まで出掛けられたお客様から「車が故障した」と連絡を受けた時には、担当者が部品を持って新幹線に飛び乗り修理したこともある。また、夜中の二時に大阪で事故に遭ってしまったお客様からSOSの電話が入り、早朝に代車を届けたケースもあるという。今までに全国どこでも緊急対応してきた実績の上に、現在のレクサス星が丘のサービスは成り立っているのだ。

その根拠は、「お客様が困っていらっしゃったら、とことん誠意を尽くす」という考え方が全スタッフに行き届いているからだ。

ここで、レクサス星が丘のスタッフの言葉が再び思い出された。

サービスとは、感謝の心を伝えること。

コンシェルジュは「わかりません」とは言わない仕事。

サービスとは、先に「心」ありき。

売ろうとせず、お客様にとっての一番を考える。

そして、
お客様から頼まれないこと。

サプライズよりもプラスワン。

すべてのエピソードが一本の糸で繋がった。ここに共通するのは「思いやり」の心だ。それは、キリックスグループの誠心、誠意、誠実という社訓「三誠の精神」そのものだ。どの会社にも「社訓」があり毎日、朝礼で読み上げていることだろう。問題は、それをいかに実践できるかに尽きよう。

江戸時代後期の儒学者・佐藤一斎は、その著『言志四録』の中でこんなことを言っている。

**「真に大志ある者は、克《よ》く小物《しょうぶつ》を勤む。
真に遠きを慮る者は、細事を忽《おろそ》かにせず」**

「大きな事を成し遂げたいと思う人は、どんなに小さな事でも一生懸命にやる。その大志を成し遂げるために、いつもずっと先の事を思案している人は、すぐ目の前にある小さな事にも手を抜いたりはしない」の意。

人はついつい大きなことを考え、一度に成果を出そうとする。しかし、「大」は初めから「大」ではない。「大」は「小」の集まりである。これは、いつの時代にも通じる普遍の真理だ。

大きなことでなくともいい。まずは一歩一歩、足元から。

その積み重ねが「レクサス星が丘の奇跡」を作った。

この奇跡は、社主の山口春三さんの「最高のレクサス店を作りたい」という熱い決意が全スタッフの心の奥底まで浸み渡り、一人ひとりの行動に現れた結果であった。それは春三さんが創業以来、半世紀もの間描き続けてきた「想い」が結実した瞬間だった。

レクサス星が丘の流儀

サプライズよりもコツコツ、サプライズよりもプラスワンを心掛ける

写真提供：レクサス星が丘

あとがき

最後の最後に、どうしてもこの話をお伝えしたくて温めておいた。

レクサス星が丘をはじめとして、ネッツトヨタ東名古屋、キリックスリースなどを擁するキリックスグループの創業者である社主の山口春三さんにお目にかかった時、中空を仰ぐようにして語られたエピソードだ。

春三さんは、和歌山県の農家の生まれだ。戦時中から戦後の混乱期にかけて、幼いながら家業の手伝いをして暮らしていた。戦争に次々と男が駆り出されたため、村には働き手がいなくなってしまった。春三さんの実家でも父親と兄を兵隊に取られて女と子どもだけが残された。まだ小学生ではあったが、身体には自信があり一人前に耕作することができた。

自分の田んぼを耕した後、ふと見ると隣の田んぼが荒れたままになっている。戸主が出征したことを知っていたので、「ついで」と思い耕した。当時のことだ。耕運機のような機械があるわけではない。人力と牛の力で何日もかけて耕すのだ。

それが終わると、そのまた隣の田んぼが目についた。やはり働き手を奪われてそのままになっている。「それじゃあ、ここも」と耕した。そうこうするうち、近隣の田んぼは、すべて春三さんが耕してしまった。

頼まれてしたことではない。あくまでも「ついで」だ。

ところが、近所の人たちから「ありがとう」と再三感謝され、「何か困ったことがあったら言ってほしい」と頭を下げられた。これは春三さんにとって意外なことだった。

「何もお返しを期待してやったわけではないのに、なぜ、みんな感謝してくれるのだろう」

素直にそう感じた。

実は、この時の思いが、すべての仕事の原点にあると言う。

「見返りを期待せずに尽くせば必ず返ってくる」

これこそが、レクサス星が丘のお客様に対する思いを集約しているといっても過言ではない。レクサス星が丘をはじめとして、キリックスグループの社員は、誰もがこの話を事あるごとに聞かされて知っている。

おそらく本書をご一読いただいたみなさんは、ここまでに紹介した「レクサス神話」と呼ばれる数々のエピソードが、このキーワードと深く結びついていることを実感していただけると思う。

筆者が講演会などで必ず披露する話がある。客家《ハッカ》の教えだ。

中国南部の福建省に客家という漢民族の中の一派がいる。元々は中国全土を支配していた漢民族の一部の末裔《まつえい》らしい。しかし、北方民族が攻めてきた際に、難を逃れてきた。彼らは特殊な建築様式の家に住んでいる。イタリアのコロッセオのように、円形の外周部分が3、4階建てになっていて、各階に何軒もの家族が住んでいる。ちょうど中庭の見下ろせる高層筒型アパートといったイメージだ。これは現在、「福建の土楼」として世界遺産に認定されている。

入口を閉じると、外敵も侵入できない。中では、長期にわたって籠城できるよう、ブタやニワトリなどの家畜を飼っている。遠い祖先たちが、他民族との戦いに追われて南下したという歴史が、こうした強固な閉鎖社会を作り出した。

しかし、中国の孫文や鄧小平、台湾の李登輝、シンガポールのリ・クワンユーなどの名だたる政治家、そして世界中に広がる大富豪の華僑など有能な人材を多く輩出し、東洋のユダヤとも呼ばれている。

ここの長老に、日本のテレビ局のレポーターがこう尋ねた。

「なぜ、この小さな村から優れた人物が生まれたのですか」

長老いわく、

「隣の人に親切にしてもらっても、その人にお返しをしてはならないという教えが伝わっているのだ」

と。パッと聞くと首を傾げてしまう。しかし、長老は続ける。

「右隣の家の人に親切にされたら、反対の左隣の家の人に親切をしなければならない」

なるほど。円形ドームなので、それを続ければ、いつの日か回り回って自分に返ってくるという理屈だ。そういう「生き方」を実践して、多くの成功者が生まれたというのだ。

しかし、返ってくると言っても、「すぐに」ではない。いつの日かもわからない。

この話の本意は、「返ってくるなんて期待するな！　いつか必ず返ってくるんだから、期待せずに安心して誠実にしてあげなさい」ということにある。

これこそ、山口春三さんの幼き日に悟ったこととぴったりと重なる。


「世のため、人のためにお役に立つ」

そして、

「想いの実現に向け、成るまでやる」


本書を読了された方は、もう気づかれていることだろう。

レクサス星が丘の成功は、誰にも真似することのできない超人、超能力者が成し遂げたものではないことを。

挨拶も笑顔も、お客様の名前を覚えることも、３６５日サービス体制を作るための創意工夫も、誰でもやろうと思えばできることばかりである。

大切なことは、

「誰でもできることを、誰も真似できないくらいに徹底して続けること」なのだ。その積み重ねの先に「奇跡」がある。

レクサス星が丘のように、読者のみなさんのもとにも「奇跡」が訪れることを願ってやまない。

志賀内泰弘

【参考文献】

森 令子著『ケタ違いに売る人の57の流儀』ＰＨＰ研究所
細井 勝著『加賀屋の流儀』ＰＨＰ研究所
高野 登著『リッツ・カールトンが大切にする　サービスを超える瞬間』かんき出版
志賀内泰弘著『タテ型人脈のすすめ』ソフトバンククリエイティブ

装幀：小口翔平（tobufune）
帯・本文写真：後藤鐵郎

〈著者略歴〉

志賀内泰弘（しがない　やすひろ）

24年間金融機関に勤務後独立し、コラムニスト、経営コンサルタントとして活躍中。講演や研修講師としても引っ張りだこで、サービス業や学校を中心に人材育成の分野での信頼も高い。

「プチ紳士・プチ淑女を探せ！」運動代表（http://www.giveandgive.com）として、思いやりいっぱいの世の中をつくろうと、「いい人」「いい話」を求め、東奔西走中。

中日新聞や目黒雅叙園広報誌の連載をはじめ、著書に『毎日が楽しくなる17の物語』『なぜ、あの人の周りに人が集まるのか？』『翼がくれた心が熱くなるいい話』（以上、ＰＨＰ研究所）、『みんなで探したちょっといい話』（かんき出版）、『なぜ「そうじ」をすると人生が変わるのか？』（ダイヤモンド社）、『ようこそ感動指定席へ！　言えなかった「ありがとう」』（ごま書房新社）など多数ある。

No.1トヨタのおもてなし
レクサス星が丘の奇跡

2014年９月25日　第１版第１刷発行
2016年２月16日　第１版第12刷発行

著　者　志賀内泰弘
発行者　安藤　卓
発行所　株式会社ＰＨＰ研究所

京都本部　〒601-8411　京都市南区西九条北ノ内町11
文芸教養出版部
生活文化課　☎075-681-9149（編集）
東京本部　〒135-8137　江東区豊洲 5-6-52
普及一部　☎03-3520-9630（販売）

PHP INTERFACE　http://www.php.co.jp/

制作協力
組　　版　株式会社PHPエディターズ・グループ
印刷所　図書印刷株式会社
製本所　株式会社大進堂

ISBN978-4-569-82051-4

PHPの本

翼がくれた心が熱くなるいい話

JALのパイロットの夢、CAの涙、地上スタッフの矜持…

志賀内泰弘 著

日本航空が破綻から再生に至る過程では、社員は屈辱の辛酸を舐めた一方で、温かい励ましや支援ももらった。その感動の実話集。

定価 本体一、三〇〇円（税別）